公共环境空间元素设计系列

城市家具系统规划与设计

于文汇　朱钟炎　著

中国建筑工业出版社

图书在版编目（CIP）数据

城市家具系统规划与设计 / 于文汇，朱钟炎著 . —
北京：中国建筑工业出版社，2023.9
（公共环境空间元素设计系列）
ISBN 978-7-112-28601-0

Ⅰ．①城… Ⅱ．①于… ②朱… Ⅲ．①城市公用设施
—城市规划—研究②城市公用设施—设计—研究 Ⅳ．
① TU998 ② TU984.14

中国国家版本馆 CIP 数据核字（2023）第 059407 号

责任编辑：率 琦
责任校对：李美娜

公共环境空间元素设计系列
城市家具系统规划与设计
于文汇 朱钟炎 著
＊
中国建筑工业出版社出版、发行（北京海淀三里河路 9 号）
各地新华书店、建筑书店经销
北京点击世代文化传媒有限公司制版
临西县阅读时光印刷有限公司印刷
＊

开本：787 毫米 ×1092 毫米 1/16 印张：10¼ 字数：189 千字
2023 年 8 月第一版 2023 年 8 月第一次印刷
定价：135.00 元
ISBN 978-7-112-28601-0
（41078）

前　言

　　城市家具是城市景观环境与人进行互动的重要媒介,人们身处公共环境中,首先通过视觉对周边的景观元素进行感知;城市家具是为迎合人们的各种需求而产生的,它是人们与公共环境直接产生交流互动不可或缺的道具,因此,城市家具产生的便利度与舒适好感度,直接影响着人们对该城市的认知切入点,在城市公共环境中担当着重要角色。

　　本书理论与实践相结合,以整体思维的方式有机融合了城市景观规划与产品设计,将城市公共空间中的城市家具作为一个整体系统理解和分析;从城市家具的概念、属性、作用与内涵出发,总结、归纳和说明了城市家具的分类,探讨了城市家具系统与城市空间环境的关系与作用,并对承载城市街道家具的各类城市公共空间进行具体的分类分析。

　　本书将城市家具整合为一个具有内部关联性的整体,探讨城市家具如何系统性地塑造城市公共空间形象和提升城市公共空间品质,关注各类城市家具之间的关联性,以及整体系统思维下城市家具在规划、设计和管理方面的合理性和有效性,同时详细阐述了城市家具系统化构建的意义、原则与路径,并附有实际案例及对城市家具未来发展方向的展望,以期能够为城市公共空间环境中城市家具系统的规划、设计、实施和管理提供参考。

于文汇　朱钟炎
2023 年 6 月

目 录

第一章　城市家具

一、城市与城市家具

　　城市的形象是一个城市的经济实力、管理经营水平、文化精神、市民生活状态的综合体现。著名建筑师沙里宁曾说过："城市是一本打开的书，从中可以看到她的抱负。"他还说："让我看看你的城市，我就能说出这个城市的居民在文化上追求的是什么。"城市公共空间环境是城市的起居室，人们在城市中的大部分日常活动和交流都要在这里进行，可以说城市公共空间是人们认识和熟悉城市最直观的途径。近些年来，在经济发展的同时，很多城市的面貌有了很大的改观，城市公共景观环境也越来越受到大众和专业人士的重视，城市街道和广场上的设施逐渐增多，这也是社会物质、文化发展的反映。

　　作为城市公共空间环境中为了满足人们户外活动种种需求应运而生的元素，城市家具的种类较为繁多，在尺度上也较为小巧，此类"元素"被广泛地应用于城市公共空间中，若妥善运用其重复出现和视觉叠加的效果，可以创造出一种连贯的意向，从而使城市的形象更显鲜明和活泼。

　　从塑造城市形象的视角出发审视城市家具对城市影响力、竞争力的作用，可以看到成功的城市家具设计有助于创造一个城市强烈的地域感和认知感，从而培育城市知名度和影响力。同时，城市家具的巧妙设计和合理安置体现了城市的文明程度和文化品质，也是体现城市品位、提高景观环境趣味性的重要环节。城市家具是景观环境设计的精华，它可以再次阐述景观整体的设计概念，烘托景观环境营造的氛围。

　　此外，城市家具是城市景观环境与人互动的重要体现，处于公共景观环境中的人对周围各种景观元素都是通过视觉感知的，由于城市家具是为满足人的需求应运而生的元素，因此它是景观公共环境与人产生交流和互动的直接元素。在城市公共景观中合理设计和安置城市家具，能够帮助景观环境在人对其感知活动中产生重要的认知节点和深刻记忆。

　　城市的发展是一个漫长的过程，城市空间都是先由规划师进行整体规划，然后由建筑设计师、景观设计师具体设计城市形象工程，工业设计师和制造商设计、制作"城市家具"，直到安置到街道、广场、街心花园等城市空间的相应位置上，这种从整体到局部的分工合作方式能够确保城市的建设效率。如果城市家具与环境的整体协调性出现问题，那么城市公共空间内就会不可避免地出现混乱不堪的视觉效果，必然干扰人们对城市的认知，影响景观整体设计元素的视觉重组效果。

与标志性建筑相比，"城市家具"可以说是城市设计的细节体现。因为"城市家具"不仅在提升城市的环境质量和景观水平方面有着非同寻常的意义，而且体现着人们的精神状态、文化修养和道德素质，是衡量地区或城市先进程度的一个不可或缺的参照系数。所以城市发展到一定阶段，必将重视城市家具系统设计，因为它是城市文化和特色的重要体现，对塑造一个城市的形貌特征、历史文脉乃至精神灵性等具有重要作用。

二、城市家具的概念

城市是物质和精神文明的精华，是政治、经济、文化等多方面元素在一定空间的汇集，城市公共空间是人们在城市中进行各种交集行为的场所。如果把城市比作一个家，那么城市的公共空间所承担的就是"客厅"的角色。城市公共空间中各种满足人们户外活动不同需求的公共设施就是"城市家具"，英语称为"Street Furniture"，直译的意思是"街道家具"，简称"街具"。在欧洲一些国家也被称为"Urban Furniture"或"Urban Element"（西班牙），直译为"城市家具"和"城市元素"。同样的意思在德文里称为"街道设施"，法文里名为"都市家具"，有时也称为"都市组件"；在日本城市公共空间中的公共设施被理解为"道路的装置"，称为"ストリートファニチュア"，从英文"Street Furniture"音译而来，即"街道家具"。在我国，"城市家具"还被称为环境设施或公共设施。其余类似的词汇还有公共设施、户外道具、园林装置、城市装置、城市元素、城市配件等。一般公认此类设施的定义是"为了给公众提供某种服务或某项功能，装置在都市公共空间里的公共物件或设备的统称"。如此说来，"城市家具"所指的范围十分广泛，像垃圾筒、邮筒、电话亭、城市指示系统、灯具、公共座椅、公交候车站等都是"城市家具"的范畴。根据其功能和特性的不同具体可以分为信息设施、卫生设施、休闲设施、照明设施、交通设施、安全设施、健身设施等类别，根据其功能、内涵和属性等方面的特征可以将其概念归纳为"在城市街道和室外公共空间以及室内到室外的过渡空间中设置的具有'家具'特征和功能的公共设施的总称"。

家具是人类生活必不可少的物质器具，它不仅使生活便利和舒适，而且是人们对居住环境的形象特征和视觉特征等方面理想化诉求的产物。从广义上来讲，通常我们所指的"家具"是"使建筑物空间产生具体的实用价值的必要设施"；从狭义的角度来看，"家具"的表面字义是指"人类日常生活和社会生活中使用的，具有坐卧、凭倚、贮藏、间隔等功能的器具"。

"城市家具"顾名思义是指在城市街道和室外公共空间以及室内到室外的过渡空间中设置的具有"家具"特征和功能的公共设施的总称。它能够满足人们在室外活动时对"家具"的功能需求，促进交流与互动。广义上的"城市家具"是城市公共空间中各种公共环境设施的总称，包括交通、安全、商业、咨询、休憩和环保等方面，例如，公交候车亭、路名牌、路灯、电话亭、垃圾箱、邮筒、公共座椅等为人们的户外活动提供各种便利的公共设施都是城市家具。多种多样的城市家具有力地支持着人们在城市公共环境中的行为与活动，并充实了城市整体景观环境。

城市家具在城市公共空间中以各种形态承载着不同的功能，其种类的繁多对于城市公共空间形象是把双刃剑。具有统一特征和风格的城市家具作为城市公共空间的重要组成元素，可以帮助塑造空间形象，提升空间环境品质；而若不进行系统化的考量和整合，任由其杂乱无章地设置于城市公共空间，则势必破坏区域空间的景观整体性和景观特色。

对于城市来说，城市家具是联系室内外空间的纽带，是城市环境设施的重要组成部分，它与城市景观的其他要素共同构成城市的形象特质，并体现城市的生活价值取向及文化内涵，也是营造具有自由、平等、充满人文关怀等美好价值的社会环境的重要元素。

三、城市家具的属性

1.功能性

功能性和实用性是城市家具的首要属性，城市家具的目的是满足人们户外生活的各种需求，因此，提供各种实用功能是城市家具设计必须解决的第一问题。

（1）使用功能

使用功能是指城市家具本身所具备的效用。城市家具作为城市公共空间中的配套设施，通过具备的各种功能服务于公众是最基本的条件，也是产品与使用者之间最基本的关系，因而具有普遍性。根据公众或市民在环境中的功能需求，城市家具需要具备的功能类型也是多种多样，例如休憩、信息、清洁、安全防护等。这些功能都是城市家具首先被公众或市民感知到的最基本的外在特征，也是其立足于城市公共环境的根本。

城市家具的使用功能还可以分为主要使用功能和附属使用功能。主要功能即是指其本质功能，附属功能则是在主要功能基础上的功能叠加。用于叠加的附属功能往往是区域环境中需求较少的功能，将主要使用功能与附属使用功能叠加的设计手法可以充实城市家具的功能配置，优化环境资源，避免不必要的浪费。虽然目前城市家具的设计风格、内容和形式日趋多样，但是使用功能作为城市家具产生的根本目的始终决定其内涵和意义，并构成主要的功能性识别。

（2）空间识别和划分功能

扬·盖尔在《交往与空间》一书中写道："户外活动的内容和特点受到物质规划很大的影响。通过材料、色彩的选择可以在城市中创造出五光十色的情调；同样，通过规划决策可以影响活动的类型。"❶街道、广场等室外公共空间是由建筑实体要素的聚集产生的，这些公共空间是人对城市空间的要求。其作用恰如建筑内的走道或门厅，在某种意义上这些公共空间同样具有"内部空间"的性质。城市家具的合理配置更有助于识别城市公共空间的功能定位。

城市家具通过体量、形式、形态、数量以及空间布置等营造室外空间的氛围，并起到界定室外空间环境领域的作用。扬·盖尔在《交往与空间》一书中指出，合理的设施布局会增加人员的流动，公共空间环境中各种各样设施和有无规则的建筑立面是创造逗留活动的重要条件。城市家具根据实用性及其形态的各种组合变化和数量的系统布局，能够有效地引导人们在公共空间环境中的行为并发挥重要的空间划分及营造作用。这种空间划分可以是以城市家具为单元，在固定或不固定的距离下重复使用，即运用排列组合的方式划分空间，例如在狭长的道路空间布置各种城市家具，使其摆脱冗长乏味的视觉体验；或者如图1.1 ~ 图1.4所示，将不同功能的城市家具配置于公共空间区域，以其本身的功能和形态吸引人们前往和聚集的行为，形成城市公共空间景观节点，提升场所的公共性和交流性。

2. 装饰性

（1）视觉的美感

城市家具作为城市公共空间环境的重要组成部分，将审美和实用协调统一，在提供实用功能的同时向公众传递着一定的美感元素，而且也是重要的景观设计元素。城市家具以一定的造型、色彩、质感与比例关系，运用象征、秩序、夸张等特有的手法作用于人们的心理，给予人们视觉上的快感和享受。在某种程度上城市家具也是成功的艺术作品。

---

❶ 盖尔 J. 交往与空间 [M]. 何人可，译. 北京：中国建筑工业出版社，1992.

1.1

1.2

图 1.1 ～ 图 1.4
欧洲的城市家具

1.3

1.4

　　城市家具有时就像居室中的家具一样，不仅实用，还能装饰环境并辅助景观元素烘托环境气氛。城市家具往往是常用或常见的小尺度空间视觉元素，它与建筑和雕塑等大型设施的视觉角度不同，更多的是人们在其中的感觉，美感体现更加直观并具有亲和力。同时，城市家具能够体现街道和广场等景观环境的特质，是城市环境和景观的重要组成部分，并成为城市街道富有生气和活力的元素。如图 1.5 所示，东京六本木街区为了契合街道的高端定位，邀请多位先锋设计师为该街道设计性格鲜明、造型各异的街道休闲座椅，以丰富环境的视觉效果，充实环境的装饰性美感。

图 1.5
东京六本木街道
上的装饰性座椅

城市家具的装饰性在城市公共空间中主要指设施的景观艺术性，通过自身的尺度、比例、体量、材质、色彩、对比、节奏等表现出来，人们在使用或观赏城市家具的同时，可以获得愉悦精神、陶冶情操的审美享受。它参与城市公共空间的景观构成，丰富人们的视觉审美体验，体现城市环境的形象和内涵，提高城市的综合品位。

（2）与环境的协调

装饰性是指城市家具的形态在城市公共空间环境中所起到的衬托和美化作用。它包括两个层面的含义：一方面城市家具自身的形态要具备视觉的美感，另一方面还要能够与所处的环境相协调。

城市家具作为城市公共空间景观元素的重要组成部分，与其他景观造型元素一同参与景观环境的美学塑造，形成完整协调的城市公共景观环境。如果各种城市家具只考虑自身单体的美感表现而忽略了其所处的整体环境，势必造成城市景观的混乱无序、缺乏特色，但若能对繁杂的城市家具进行整合，使之与城市景观的整体相联系，往往可以变无序为有序，同时加强了城市景观的可识别特性。因此城市家具的设计除了注

图 1.6
日本九重山景区
中的休闲座椅和
标识信息牌

重自身美感的表达，更要注重与周围的景观环境在风格和氛围上协调统一，从整体环境的要求出发，结合不同的功能需求确定适宜的造型、色彩、材料、尺度等，与周围景观环境有机融合，形成一种和谐的景观美。如图 1.6 所示，日本九重山风景区中的城市家具设计在形态、肌理和材质等方面均与环境的自然景观相互协调和呼应，从而能够与美好的自然景观环境有机地融合在一起。

3. 公共性

城市家具设置于城市公共空间中，有效地提升了区域空间环境的交流性和公共性，它服务于活动在城市公共空间中的各类人群，因此公共性和开放性也是城市家具的基本属性之一。"公共性"的含义主要包括"公众的"、"公开的"、"共有的"、"从事公共事物的"以及"从事社会事务"等概念。尤根·哈贝马斯（Jurgen Habermas）将"公共"一词理解为"一种公民自由交流和开放性对话的过程，一种表达意见的公共权利的机制"。城市公共空间中"公共"的含义是指不受时间限制，向所有人开放并允许各种不同活动同时存在的环境内涵。城市家具的公共性不仅是指公开和开放的意思，更重要的是面向公众、服务于公众的社会公众性。城市家具服务于开放性和交流性的公共空间中，因此具有与公众有机互动的亲和力。正是由于城市家具的公共性，决定了其内容、功能、形式都是为公众服务的，与公众的城市户外生活关系密切并具有一定的互动性。

因此城市家具系统的设计不仅要反映城市文化、历史、艺术与生活品位，更要关注公众的公共空间社会交往、信息交流、情感沟通、自我实现的社会属性。城市家具的公共性还表现在是否能与其服务对象有效地沟通和交流，拥有亲和力、互动性并能够提升公众参与力度也是衡量城市家具是否成功的标准之一。

城市家具的公共性和开放性决定了它属于大众文化，应该体现公共精神，适应大众审美需求，为大众的体验设置和设计。因此城市家具的公共性还具有公开性、公众参与性和公共合作性的特点。虽然公共设施有着独立的设计原则和程序，但在规划、设计以及实施过程中都或多或少地与规划师、建筑师、景观设计师以及社区公民代表等进行一定程度的协作、商讨和审议。由公众广泛参与的城市家具能够充分体现公众的愿望、授权与监控的合法性，这也是公共设施"公共性"的一个重要内容。

4. 公平性

城市家具的公共性和开放性决定了它还必须具备公平性的属性。公众对于城市公共空间环境的功能需求可以分为普遍需求和差异需求两类。城市家具应当重视公众的普遍需求，并最大限度地兼顾差异需求的满足，这样才能够公平地对待不同群体的公众，尤其是关注弱势群体的需求，考虑通用设计原则。

城市家具的服务对象除了普通公众外，还包括老年人、儿童、残疾人等弱势群体，这类人群在理解、操作等方面的差异对于城市家具在安全性、尺度、可识别性等方面有更高的要求。不同的人群有着不同的行为方式与心理状况，必须对他们的活动特性加以研究调查后，才能在城市家具的物质性功能中给予充分满足，以体现公平性和友好性的原则。如在人行道上开辟盲道、在座椅设置扶手、考虑公共电话亭的高度等，这些都是考虑到残疾人需求的人性化设计。确保城市家具对于不同的人群都是适合的，不排除任何特殊人群，并且尽可能地保护使用者的隐私和安全，避免行动有障碍的人士在使用过程中受到伤害或者由于操作不便对他们的自尊心造成伤害。也就是说，城市家具无论是在设计还是在设置方面都要遵循无障碍的设计原则，保障所有人在使用的时候都能感受到便捷、安全和舒适，营造一个充满爱与关怀的城市公共环境。

5. 识别性

城市家具的存在是为了服务于公众，因此它还应该具备识别性。识别是指辨认、区别、分辨的意思，对于城市家具而言是指其在城市公共空间环境的背景中能够容易分辨和认知。城市公共空间环境的组成要素众多，影响视觉辨识能力的因素繁杂，如果城市家具在形态、色彩、尺度等方面不具备鲜明的客观特征，必然无法在杂乱的背景中凸现出来，也就无法发挥其特有的功能为公众所用。而通过系统规划和设计的城市家具系统能够提高其自身的识别性，形成较为明确的视觉焦点，集中地传达环境中的城市家具信息。

识别性是指事物带给人最直观的视觉效果，对于城市家具而言，一方面是指它在城市区域空间环境中易于识别和发现，做到物尽其用，避免公共资源的浪费；另一方面，它的识别性属性还指操作方式易于识别，避免因使用不当或功能不明确造成不便和损失，提高城市家具的易用性和可操作性。

6. 文化性

在城市发展的历程中，文化是最本土、最生态、最鲜活的，也是最富有个性化特点的。城市文化是城市价值和城市精神的体现，不同的城市文化塑造了千差万别的城市个性化形象。

城市家具的文化性，是指其对所处城市文化内涵的呈现和表达。城市文化内涵通过城市形象传达给人们，人们则通过城市形象认识城市文化。城市家具属于城市文化中的物质文化层面范畴，主要作用于人们的视觉系统或视觉识别体系，它能够直观地体现城市的视觉形象，是城市文化视觉化和物质化体现的有效载体。

城市文化在物质层面上的体现不是由某一个体独立形成的，而是由建筑、景观等多元化的城市空间元素所反映的形象集合体。城市家具服务的环境是城市公共空间，它与其他构成空间的要素一起塑造环境视觉形象。同时，城市家具还是组成城市公共环境的各类元素中最经常也最容易与公众产生互动交流的元素，它所展现和传达的环境信息内容能够更容易为公众感知和体验，是城市独特气质和文化特征的重要体现。

各种城市家具组成的城市家具系统不仅能丰富环境功能，提升环境活力，还能体现区域文化内涵，起到传承地域文化和承载地域特征的作用。如图 1.7 ~ 图 1.12 所示，巴黎街头的各类城市家具，无论是路灯、标识牌，还是垃圾箱、洗手器，都富有古典主义美学的鲜明特点，充分体现巴黎悠久的城市历史和无与伦比的艺术气质。

城市家具所体现的文化特征应该从属于其所处的环境，"环境"可以指区域、民族、城市等范围，不同的环境以不同的文化特征强调其自身的独特性和相互之间的差异性，例如有的城市具有古香古色的传统风韵，而有的城市则充满现代化的气息；有的城市气候干燥寒冷，而有的城市则温热多雨等。城市家具的设计应该根植于其服务的城市文化特征的大背景中，

1.7

1.8

1.9

1.10

1.11

1.12

图 1.7 ～ 图 1.12
法国巴黎街头的
各类城市家具

结合考虑地域特性、地方风格、地域风俗等方面，以整体性的思维深层次地挖掘城市文化内涵，并将其鲜明地体现在城市家具的设计中。

城市文化特性在城市家具中的体现必须通过一定的造型而得以明确化、具体化、实体化。有关城市文化的设计元素可以从城市的很多方面进行挖掘，包括历史传统文化、城市自然景观、典型建筑、特色材料等，一些城市特有的文化内涵或地域特色通过符号学的作用，经过分解、抽象、重构等手法进行可视化，成为重要的象征符号元素，城市文化在城市家具中的体现也可以通过这些符号或符号的秩序组合来表达，通过艺术造型的手法，在其基础上进一步延伸到特色、文脉等文化层面的表达，使城市家具能够体现丰富的文化内涵。

7. 系统性

"系统"就是由一定要素组成的具有一定层次和结构并与环境发生关系的整体，系统的整体性是系统研究的核心。系统科学的创始人 L. V. 贝塔朗菲（L.V.Bertalanffy）说："系统是处于一定的相互关系中并与环境发生关系的各组成部分（要素）的整体。"

城市家具不是孤立于整个环境的构架独自存在的，也不仅指某个造型单体，而是始终处于"人-机-环境"所形成的系统整体中，因此系统性也是城市家具的根本属性之一。

系统性的属性决定了城市家具的规划和设计需要具备整体性的思维。首先城市家具是城市景观环境的有机组成部分，因此城市家具系统要与其所服务的区域公共空间环境形成和谐的整体。这不仅涉及美学风格文化内涵等层面的内容，还包括城市家具要以适当的形态、材料、色彩和结构等方式实现其与周围环境的融合和呼应，从而达到区域空间环境的视觉整体性，实现城市整体环境的景观塑造。

不仅如此，城市家具在功能属性方面也需要与周围的环境形成有机的整体，根据整体环境的功能和需求设置恰当的城市家具，以此满足环境中的整体需求。如果城市家具所提供的功能与其所处的空间环境功能不符合或相违背，即便满足造型设计美观的需求，也不能称之为成功的城市家具，这就失去了其为公共空间环境中的公众服务的功能性意义。

各类城市家具共同服务于同一个区域公共空间环境，它们之间也是具有共同特征和相互联系的整体系统。区域公共空间环境内不同种类的城市家具尽管在功能和形态上有其独特之处，但是在设计风格、材质、色彩、材料、结构等方面都应该相互关联和协调，以此形成一个有机的功能整体，以形象集合的方式设置在公共环境中的城市家具系统，可以提高视觉辨识度，提升功能利用率，并塑造区域空间环境的整体视觉效果。

虽然功能各有不同，但是由于共同设置于同一区域的环境范围内，并服务于相同的使用人群，因此各类城市家具在功能配置上应当具备整体性和系统性。根据使用人群需求的关联性整合系统功能，在对区域公共空间环境中功能相互关联的城市家具进行规划和设计时，需要从整体性层面考虑种类、数量、配置地点、是否需要复合功能等，以实现其功能的最优化。

此外，对于同一类城市家具在城市公共景观空间的布置也需要进行系统化的考量。由于在功能和形态方面具有统一性，为了避免资源的浪费和同一视觉元素过于频繁出现的弊端，需要根据环境特征和具体的功能需求来布置同一类城市家具设施。只有当所有个体的性能同时系统有机地融入一整套城市家具系统，整体的特征和功效才能更好地显现出来。

四、城市家具的作用与内涵

1. 满足公众的功能性需求

城市家具的作用首先是服务于城市公共空间环境中活动的人群，满足其户外公共生活和活动的各种需求，这是城市家具产生的首要原因，也是它立足于城市公共空间环境的根本。如图 1.13 所示，城市家具在城市公共空间环境中具备休憩、卫生、信息、遮蔽、防护、界定空间等多种功能，在满足需要的同时，很容易与公众产生互动，各种功能的城市家具能够丰富公众在公共空间环境中的活动内容，为人们提供便利、便捷、安全的生活方式，改善人们的生活质量。

作为构成城市公共空间环境的一种物质形态，城市家具能够在与公众的互动中通过影响人的感官和思想来感知和体验城市空间。在公众使用城市公共设施的过程中，必然要与其产生互动行为，这就形成公众与城市公共设施之间的情感交流，并获取充分的人性化的体验价值和空间感受。这种交流和互动使人对城市空间的体验和认知完成了从物境到情境，再到意境的三个情感体验阶段，并满足公众对公共空间环境精神感受方面的需求。

2. 塑造景观环境

城市家具的装饰性属性决定了它不仅具备功能方面的安全性和舒适性，还具备观赏性和美化环境的作用，使公共空间中的景观环境更富有生气和活力，并增强亲和力，从而提升环境质量和景观水平。从整体性思维出发配置和设计的城市家具能够与其所处的公共空间景观环境在风格和氛围上和谐统一，既丰富环境内容，又与其他景观元素一起塑造良好的景观视觉效果，起到愉悦精神和陶冶情操的作用。

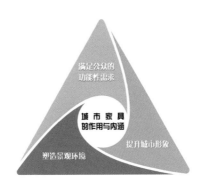

城市家具对城市文化和地域特色的承载和传达能够增加空间的可识别性，加深人们对城市环境信息的感官认知。有些置于特定场所的城市家具还具有特定的思想性或象征意义，增强了城市的文化认同感和归属感。

城市家具还可以界定景观区域的空间划分，通过形态和功能的巧妙设置引导活动和行进方向，影响人流动向，规范公众行为。正是因为配置了各种不同功能的城市家具，城市公共空间才变得更生动、更有意义。

3. 提升城市形象

城市家具赋予了城市公共空间环境积极的内容和意义，丰富和提高了城市的景观品质。不仅如此，它还体现着一个城市的文化特色、人文精神、经济实力以及市民的精神状态、文化修养和道德素质等诸多因素。城市家具状况已经成为一个城市物质和精神建设优劣的评价标准之一。

城市家具是为了满足公众的室外生活应运而生的公共设施体系，它不仅满足公众的生理需求，还关注人的心理感受。通过对安全性、舒适性、识别性、和谐性与关爱性等方面进行系统考虑，设计出的城市家具能够体现一个城市的精神文明形象和"以人为本"的建设目标。

布局合理、设计周到的城市家具系统能够使公众以及外来游客切身体会到城市建设者和管理者对于公众无微不至的关怀和人性化的服务，通过良好的视觉效果和使用体验展现城市的内涵和品味，赋予城市独特的魅力并提升城市整体形象。因此，城市家具的发展和建设体现着一个城市对公众需求的重视，也是营造自由平等、充满人文关怀等美好价值的社会环境的重要元素。

五、城市家具的分类

现代社会的生活丰富多彩，人们在公共空间环境中的各种行为需求也具有多样性的特征，这必然要求城市公共空间中配置各种功能的城市家具。城市家具种类繁多，又需要综合考虑环境设计和工业设计的交叉设计方向，因此发展至今衍生出多种分类方法，有根据景观环境、建筑分类的，也有根据功能和用途分类的，其形态和种类随着时代的发展而变化。

1. 国外城市家具的分类

（1）日本城市家具的分类

日本对城市家具（"ストリートファニチュア" Street Furniture）设施的分类较多，而且相当具体。在日本的"城市和景观设计"丛书中往往也会把相关的城市家具及景观附属物作为独立内容予以介绍，并根据城市家具的功能和用途予以分类。具体的类型有：

①卫生类城市家具：烟灰皿、卫生箱、饮水器；

②休憩类城市家具：可动式座椅、固定座椅；

③修景类城市家具：雕塑、街灯、照明、花坛、演出装置；

④管理类城市家具：电话亭、路栅、护柱、排水设施、消火栓、火灾报警器、变电（配电）箱、排气塔；

⑤无障碍城市家具：坡道、专用标志、盲道、专用街具；

⑥安全类城市家具：消火栓、火灾报警器、街灯、人行道、交通标志、信号机、路栅、除雪装置、人行天桥、无障碍设施；

⑦快适类城市家具：烟灰皿、街道树、花坛、地面铺装、游乐设施、水池、喷泉、大门；

⑧便利类城市家具：饮水器、公厕、自动售货机、自行车停车场、座椅、卫生箱、公共汽车站、地铁出入口、邮筒；

⑨情报类城市家具：电话亭、揭示板、留言板、广告板、广告塔、道路标志、路牌、问路机、时计、报栏、意见箱、标志、橱窗。

（2）英国城市家具的分类

英国的城市家具（Street Furniture）设施一般分为：高柱照明（High mast lighting）；环境保护机关制定的照明（Lighting columns DOE approved）；照明灯 A（Lighting columns group A）；照明灯 B（Lighting columns group B）；舞台演出照明（Amenity lighting）；街灯（Street lighting lanterns）；止路障柱（Bollards）；垃圾箱、灭火砂箱（Litter bins and Grit bins）；公共汽车候车亭（Bus shelters）；室外休息座椅（Outdoor seat）；儿童游乐设施（Children's play equipment）；广告塔（Poster display units）；道路标志（Road signs）；室外广告牌（Outdoor advertising signs）；防护栏、栏杆、护墙（Guard rails，Parapets，Fencing and Walling）；铺地与绿化（Paving and Planting）；人行天桥（Footbridges foe urban roads）；停车库和户外停车场（Garages and External storage）；其他（Miscellany）。

（3）德国城市家具的分类

德国的城市家具设施一般分为：地板材（Floor covering）；栅（Limit）；照明（Lighting）；裱装（Façade）；屋顶（Roof covering）；配置（Disposition Object）；坐具（Seating facility）；植物（Vegetation）；水（Water）；游具（Playing object）；艺术品（Object of Art）；广告（Advertising）；引导、询问处（information）；告示（Sign posting）；旗（Flag）；展示柜（Showcase）；售货亭（Sales stand）；简易售货亭（Kiosk）；销售陈列摊位（Exhibition pavilion）；桌和椅（Table and chairs）；自行车架（Bicycle stand）；钟表（Clock）；邮筒、邮箱（Letter box）。

2. 中国城市家具的分类

目前我国现行的对于城市家具的分类方式大致有两种：一种是根据其所处的公共空间环境类型划分；另一种是根据城市家具自身所具备的功能和用途划分。

城市中的公共空间根据其功能也分为不同的类型，不同功能类型的公共空间必然需要不同功能系统的城市家具丰富其环境内涵。城市公共空间环境大致可以分为商业区、生活区、休闲娱乐区、景观区等，而设置于各种城市公共空间中的城市家具按使用性质可以划分为点景城市家具设施、休憩城市家具设施、便利城市家具设施、通用城市家具设施、其他城市家具设施五类。点景城市家具设施是对环境进行装饰的城市家具类型，包括树木、草坪、花坛、绿篱、喷泉、雕塑等；休憩城市家具设施是指能够为公众提供休闲和休憩的城市家具类型，包括座椅、园凳、凉亭、棚架等；便利城市家具设施顾名思义是指为公众提供便利的城市家具类型，包括厕所、公用电话亭、垃圾箱、饮水处、自行车架、洗手台、邮筒、路标、标识牌等；通用城市家具设施是指为行动不方便的弱势群体提供帮助和便利的城市家具类型，包括坡道、盲文指示牌、盲道、无障碍厕所、扶手等；其他城市家具设施类型则是指除上述类型以外的能提供娱乐功能的游乐设施等。

由于功能性是城市家具的根本属性，因此根据城市家具自身所具备的功能和用途划分的分类方式更为系统和具体。据此大致可分为以下十个系统，如表 1.1 所示：

城市家具分类　　　　　　　　　　　　　　　　表 1.1

城市家具种类	主要内容
休憩类城市家具	座椅、园凳、桌、凉亭、休息廊、棚架等
信息类城市家具	公用电话、邮筒、街路指示牌、街钟、信息终端等
卫生类城市家具	垃圾桶/箱、烟灰筒、饮水器、洗手台、公共厕所等

城市家具种类	主要内容
照明类城市家具	高位路灯、低位路灯、景观造型灯、草坪灯、庭院灯、霓虹灯等
交通类城市家具	公交候车亭、人行天桥、自行车架、交通岗、道路护栏 / 护柱、台阶、坡道、铺地等
管理类城市家具	电线杆、配电箱、窨井盖、消防栓等
商业类城市家具	售货亭、自动售卖机、书报亭、移动售卖机等
游乐类城市家具	公共休闲健身器材、滑梯、木马、沙池、秋千等
无障碍城市家具	无障碍坡道、盲道、盲文标识、专用电梯等
其他城市家具	树池、花坛、绿篱、水景、雕塑等观赏类和配景类的设施

（1）休憩类城市家具

休憩类城市家具是直接服务于公众的城市家具类型之一，最能体现环境的亲和力和对人性的关怀，同时，休憩类城市家具也是所有城市家具中利用率最高的类型之一。休憩类城市家具包括座椅、园凳、桌、凉亭、休息廊、棚架等，主要设置在街道小区、公园、广场、步行街道等处。图 1.14 ~ 图 1.18 所示为各类的休憩类城市家具。

1.14

1.15

1.16

1.17

1.18

图 1.14 ~ 图 1.18
各种休憩类城市
家具

（2）信息类城市家具

信息类城市家具种类很多，包括以传达环境信息为主要功能的标识系统、广告系统以及以传递听觉信息为主的声音传播设施。常见的信息类城市家具有公用电话、邮筒、街路指示牌、街钟、信息终端等。图1.19～图1.24所示为各类不同造型及功能的信息类城市家具。

（3）卫生类城市家具

卫生类城市家具是为了保持城市市政环境卫生以及公众在室外空间对清洁和卫生方面的需求而设置的城市家具，主要包括垃圾桶/箱、烟灰筒、饮水器、洗手池、公共厕所等。图1.25～图1.30所示为各类不同造型及功能的卫生类城市家具。

（4）照明类城市家具

照明类城市家具的主要功能是为人们在夜间或暗处的活动提供照明，并提升环境安全性；同时，它还能为城市增添色彩，起到装饰城市夜晚的作用。这类城市家具主要有高位路灯、低位路灯、景观造型灯、草坪灯、庭院灯、霓虹灯等。图1.31～图1.36所示为各类不同造型的照明类城市家具。

图1.19～图1.24
各种信息类城市
家具

1.19

1.20

1.21

1.22

1.23

1.24

1.25

1.26

1.27

1.28

1.29

1.30

图 1.25 ～ 图 1.30)
各种卫生类城市家具

图 1.31～图 1.36
各种照明类城市
家具

1.31　　　　　　　　　1.32　　　　　　　　　1.33

1.34　　　　　　　　　1.35　　　　　　　　　1.36

（5）交通类城市家具

交通类城市家具是为了提升公共交通方面的安全性和便利性设置的城市家具，在城市公共空间中，这类城市家具种类繁多，其功能也各不相同。主要包括公交候车亭、人行天桥、自行车架、交通岗、道路护栏 / 护柱、台阶、坡道、铺地等。图 1.37～图 1.44 所示为各类不同造型及功能的交通类城市家具。

（6）管理类城市家具

管理类城市家具属于城市的基础设施部分，是为了保证城市正常运行而设置的有关电力、水力、煤气、供热、网络信息及消防等设施，例如，电线杆、配电箱、窨井盖、消防栓等。图 1.45～图 1.48 所示为各类不同造型及功能的管理类城市家具。

（7）商业类城市家具

商业类城市家具是指能够为购售活动提供便利的城市家具类型，属于辅助类服务设施类型，常见的有售货亭、自动售货机、书报亭、移动售卖机等。图 1.49 ~ 图 1.52 所示为各类不同造型及功能的商业类城市家具。

（8）游乐类城市家具

游乐类城市家具是为公众提供休闲、健身和娱乐场所的城市家具，它还可以分为静态游乐城市家具、动态游乐城市家具和复合类游乐城市家具等，包括公共休闲健身器材、滑梯、木马、沙池、秋千等。如图 1.53 ~ 图 1.56 所示为各种游乐类城市家具。

（9）无障碍城市家具

无障碍城市家具是指为满足生理伤残、缺陷或生活能力衰退等弱势人群（如残疾人、盲人、老年人等）的需求而设置的公共家具。例如无障碍坡道、盲道、盲文标识、专用电梯等。图 1.57 ~ 图 1.60 所示为各类不同造型及功能的无障碍城市家具。

1.37 1.38 1.39 1.40 1.41 1.42 1.43 1.44

图 1.37 ~ 图 1.44
各种交通类城市
家具

20 / 城市家具系统规划与设计

1.45

1.46

图 1.45 ~ 图 1.48
各种管理类城市
家具

1.47

1.48

1.49

1.50

图 1.49 ~ 图 1.52
各种商业类城市
家具

1.51

1.52

1.53

1.54

1.55

1.56

图 1.53 ~ 图 1.56
各种游乐类城市
家具

1.57

1.58

1.59

1.60

图 1.57 ~ 图 1.60
各种无障碍城市
家具

（10）其他城市家具

这一部分城市家具主要是指树池、花坛、绿篱、水景、雕塑等观赏类和配景类的城市家具设施。图 1.61 ~ 图 1.68 所示为各类不同造型及功能的其他城市家具。

六、城市家具与城市公共空间的关联性

城市公共空间是城市中面向公众开放、供公众进行各种活动的室外空间，它是城市空间的重要组成部分，从属于区域公共空间环境，并参与公共空间的形态构成。城市家具的体量、形式、轮廓线以及材料的色彩、质感和内涵等因素都直接反映着公共空间环境的形象，与其他环境景观要素一起营造空间氛围，并界定公共空间环境的领域划分，确定空间的秩序，丰富城市公共空间环境的景观内涵，提升总体景观环境的品质。

城市家具还能够定义景观空间环境的功能特征，体现该区域特有的环境性质。不同功能性质的公共空间环境对城市家具的设置和设计有着不同的要求，例如街道和广场上设置的城市家具在类型和数量等方面存在着很大差异。

城市家具既具有实用价值，又具有精神功能，因此它是体现城市特色与文化内涵的重要载体。城市家具的地域文化性设计有利于发掘传统文化、地域文化，并发挥传承文化脉络和承载景观环境的地域特征的作用。

此外，城市家具是城市公共空间中频繁与公众产生互动交流行为的元素，因此能直接影响公众对场所的心理感受，通过对城市家具的合理设置与设计，可以增强场所的特色，丰富空间的内涵。

不仅如此，城市家具的功能性和装饰性属性还能自然而然地聚集公众，通过合理的设置组织、引导人们的各种活动，形成区域环境"节点"，从而活跃空间气氛，增加景观的连贯性和趣味性，提升城市公共空间的交流性和活力。

城市家具在城市景观空间环境中发挥着特有的作用，与城市景观是互动的、相辅相成的。

1.61

1.62

1.63

1.64

1.65

1.66

1.67

1.68

图 1.61 ~ 图 1.68
各种其他城市家具

第二章　城市家具与城市公共空间

一、城市公共空间

1. 城市公共空间与城市环境

城市空间通过道路的格局、城市的地貌、绿化景观的组织、水体的衔接、建筑开发的强度控制，建筑历史文脉的体现，形成了特有的风貌。城市公共空间承担了构成城市实质景观主体框架的功能。

城市公共空间是城市中面向公众开放并供公众进行各种活动的室外空间，是城市空间中公共交往的场所。城市公共空间也被喻为城市的"起居室"、城市的"客厅"，这其中既包括城市公共交往的场所概念，又含有公共活动的内容，同时还要通过空间的构成、场所的规划设计以及内部元素的构成来体现空间的形象和功能。

城市公共空间是属于公众的场所，是市民可以无拘无束光顾、自由自在活动的地方，也是享受城市生活、体验城市风情、彰显城市个性、领略城市魅力之所在 ❶，因此它是城市中最易识别、最易记忆、也最具活力的部分。

同时，城市公共空间也是一个城市社会、政治、经济、历史、文化信息的物质载体，不仅体现城市的物质发展水平，而且体现城市的精神财富成果。普通公众、市民或游客看待城市很少从城市性质、城市规模、城市形态、城市发展史等专业角度出发，而更多的是受心理感受的影响，城市公共空间是人们阅读城市、体验城市的首选场所，因此城市公共空间的优劣将对人们的精神文明产生很大的影响。

2. 城市公共空间的概念

城市公共空间是一个含义很广泛的概念，它作为城市系统的重要组成部分，具有承载城市活动、执行城市功能、体现城市形象、反映城市问题

---

❶ 杨保军. 城市公共空间的失落与新生 [J]. 城市规划学，2006，6: 9-15.

等功能，因此必然受城市多种因素的制约，从而导致城市公共空间无论在外部形态还是内部构成机制上都呈现出多重性、多元性、多价性和多义性。由于文化背景、国别、历史以及法律制度的迥异，关于城市公共空间的概念界定和含义也有多种表述。

有学者从空间功能上进行界定，例如："城市公共空间是指城市或城市群中，在建筑实体之间存在着的开放空间体，是城市居民进行公共交往活动的开放性场所，为大多数人服务；同时它又是人类与自然进行物质、能量和信息交流的重要场所，也是城市形象的重要表现之处，被称为城市的"起居室"和"橱窗"。❶

有的学者则强调城市公共空间的人为因素，例如"城市公共空间是人工因素占主导的城市开放空间，如城市中的街道、广场、公园、游憩绿地、滨水绿地等。具有景观、宗教、商业、社区、交通、休憩性活动等功能。"❷

英国的克里夫·芒福汀认为，"公共空间"和"私有空间"被理解为对立而又相互补充的两个概念。私有空间是具有私密性的、受个体支配的空间；而公共空间则是受到社会监督的、他律的空间。公共空间是一个复杂的、多维度的、动态的现象，既包括城市道路、广场和绿地，又包括必要的社会基础设施，如教育、卫生、治安等机构和拥有行政、司法和立法等职能的建筑也被认为是公共空间。❸

在具体的城市公共空间的概念上，《城市规划原理》（第三版）采用了如下的定义：城市公共空间狭义的概念是指那些供城市居民日常生活和社会生活公共使用的室外空间。包括街道、广场、居住区户外场地、公园、体育场地等。根据居民的生活需求，在城市公共空间可以进行交通、商业贸易、表演、展览、体育竞赛、运动健身、消闲、观光游览、节日集会及人际交往等各类活动。公共空间又分为开放空间和专用空间。开放空间有街道、广场、停车场、居住区绿地、街道绿地及公园等，专用空间有运动场等。城市公共空间的广义概念可以扩大到公共设施用地的空间，例如城市中心区、商业区、城市绿地等。❹或者可以说，城市公共空间狭义上指能够使公众在其中进行一定社会活动的室外公共空间，这类社会活动往往具有一定的人群聚集性和活动滞留性，强调对所有公众的开放性和公共性。

❶ 王鹏.城市公共空间的系统化建设[M].南京：东南大学出版社，2001.

❷ 赵蔚.城市公共空间的分层规划控制[J].现代城市研究，2001，5.

❸ 芒福汀 C.街道与广场[M].张永刚，陆卫东，译.北京：中国建筑工业出版社，2004.

❹ 李德华.城市规划原理（第三版）[M].北京：中国建筑工业出版社，2001.

3. 城市公共空间的主要功能

（1）交通功能

交通功能是指能够满足人们出行和交通的功能。随着交通方式的不断发展和演变，当今人们的活动范围也在不断扩大，社会因此更富有活力。如何在有限的空间内优化空间分配方案，使各种交通方式和谐共存，是城市公共空间的规划设计中非常重要的议题。

（2）休闲功能

休闲功能是指能够为市民提供休闲性活动场所的功能，所谓的休闲性活动是指人们在工作之余有意识地进行的一些放松身体和精神的活动，例如散步、游园、下棋、遛鸟、钓鱼、晒太阳等。

休闲性活动的主要特征首先是人在这类行为过程中生理和心理上都处于相对放松的状态，没有明确的目的性，因而有可能产生各种各样的行为意象和偶发性的行为；其次，休闲性活动的节奏往往比较缓慢，强度小，内容相对无关紧要，用以调节平常比较单调和紧张的生活状态；再次，休闲性活动往往是经常性的，并且人们不会只此一次使用某一空间。休闲性活动是城市公共空间中最为常见也是发生最频繁的活动类型，它对于环境条件具有很强的依赖性。像城市广场、公园、街道 / 社区绿地、校园户外空间等公共空间都是以满足休闲性活动需求为主的场所。

（3）个性功能

在构成城市系统的各种元素中，城市公共空间最能体现城市形象和城市个性，具有个性的城市公共空间规划能够带给人良好的生理和心理感受，从而使城市个性和区域特点深入人心。

此外，城市公共空间能够承载城市文化，彰显地域性特征，能够挖掘和提炼具有地方特色的风情、风俗，并且恰到好处地把它体现于城市公共空间的景观意象之中，这也是衡量城市公共空间景观规划设计是否成功的关键因素。

4. 城市公共空间的特点

根据上述城市公共空间的种种定义，可以得知其范畴主要包含城市公共绿地、广场、街道、居住区户外场地及游园空间等，主要功能是为城市公众的社会生活提供活动场所。由于城市公众的社会生活丰富多样，也是多层次复合的，因此城市公共空间的功能和类型也各不相同，但是往往都具备以下特点：

第一，它存在于城市或城市群中，是建筑实体之间的开放空间，具有空间的界面、围合、比例的空间体形态特征，与城市中的建筑实体有着密切的依附关系，并且受到多种因素的制约。

第二，现代城市公共空间是以人为主体、促进社会生活事件发生的社会活动场所，是为城市广大阶层的居民提供生活服务和社会交往的公共场所，也是人们社会生活的发生器和舞台，其形象和实质直接影响着大众的心理和行为。它在使用权和利益上由大众共享，并且体现了城市公共空间与市民之间的一种认同与互动。

第三，城市公共空间是城市生活物质层面的重要载体，拥有城市生活的多种功能，包括政治、经济、文化等方面的复杂行为活动，起着承载城市活动、执行城市功能、反映城市风貌，继承文化传统以及记述现代文明的多重作用。

5. 城市公共空间的组成

城市公共空间是根据城市建设需要人为创造的能够使市民活动更有意义的建筑外部空间环境，其范畴广泛，种类和形态各具不同特点，学界常按用地性质、功能类别、空间形态和服务能力对其进行分类，如表2.1所示。

（1）根据公共空间的用地性质划分：

根据公共空间的用地性质划分可以分为以下四类：①居住用地（R），即居住区内的公共服务设施用地和户外公共活动场地；②城市公共设施用地（C），主要是指面向社会大众开放的文化、娱乐、商业、金融、体育、文物古迹、行政办公等公共场所；③道路广场用地（S），主要是指广场、生活性街道、步行交通空间等；④绿地（G），即城市公共绿地、小游园和城市公园等。

（2）根据公共空间的功能类别划分：

根据公共空间在城市中的功能特征和使用现状，结合国际现代建筑协会（CIAM）的《雅典宪章》所提出的功能分区理论，可以将城市公共空间划分为居住型公共空间、工作型公共空间、交通型公共空间和游憩型公共空间四种空间类别。

①居住型公共空间包括社区中心、居住区绿地、儿童游乐场等，主要是指居住区内部的户外活动公共空间；②工作型公共空间包括工业区公园、绿地，市政广场、商务中心广场等与公众的工作活动有交叉的公共空间类型；③交通型公共空间可以分为生活性道路空间和交通性道路空间，如林荫道、人行天桥、商业步行街等。同时还可以根据道路功能及其服务地块的功能分为交通性道路、商业性道路、文化性道路、综合性道路等。④游憩型公共空间的主要功能是为人们的游乐、休憩、健身等活动提供公共空间，包括城市公园、绿地、滨水景区、度假中心、水上乐园、商业广场等。

（3）根据公共空间的空间形态划分：

根据空间形态划分是指对城市公共空间进行点、线、面三种空间形态的分类，这种分类方式有利于对公共空间的现状分析及空间优化，有助于把握空间形态特征，是一种很有效的公共空间组织的布局方法。

①点状公共空间一般是指空间实体面积相对较小，形状为团块或类似块体的公共空间，从面积和形态方面而言，这类空间以点的形式分布于城市中，例如分散于城市各地的街头绿地、布局分散面积较小的小型景观节点，还包括居住区内的休闲活动空间等。

②线状公共空间多用来指呈线状特征的公共空间类型。例如城市的道路空间、河道、河流滨水景区以及条状分布的城市绿化带等。

③面状公共空间一般是指城市中分布面积较大的空间实体，包括城市绿地、综合性公园、大型广场以及湖泊景区等呈面状形态的公共空间类型。

（4）根据公共空间在城市总体结构中的服务能力划分：

根据公共空间在城市总体结构中的服务能力可以划分为城市级、地区级、街（社）区级公共空间。城市级公共空间是指能够服务于整个城市范围的公共空间类型，包括城市广场、城市公园、城市绿地、城市街道以及大型的商业服务和文化娱乐中心等；地区级公共空间的服务辐射范围相对于城市级公共空间要小，包括区域性的广场、公园、绿地以及地区性的商业服务和文化娱乐设施等；街（社）区级公共空间的服务能力和范围最小，包括居住区户外公共活动场地、街（社）区景观节点及居民休憩场地等。

城市公共空间的组成 表2.1

分类的划分方式	具体类型
根据公共空间的用地性质	居住用地（R）
	城市公共设施用地（C）
	道路广场用地（S）
	绿地（G）
根据公共空间的功能类别	居住型公共空间
	工作型公共空间
	交通型公共空间
	游憩型公共空间
根据公共空间的空间形态	点状公共空间
	线状公共空间
	面状公共空间
根据公共空间在城市总体结构中的服务能力	城市级公共空间
	地区级公共空间
	街（社）区级公共空间

6. 城市公共空间的属性

（1）公共性与公平性

城市公共空间是城市公共产权空间，也是城市中任何阶层的公民都可以公平使用的空间。公共性决定了城市公共空间与市民和市民生活是相互联系的，它是为广大阶层的居民提供生活服务和社会交往的公共场所。❶公平性意味着所有阶层的市民在利益和所有权上的共享，它是由法律和社会共识支持的。

（2）开放性与互动性

城市公共空间是面向公众开放的空间类型，是城市居民进行公共交往活动的场所，为城市的健康生活提供了不同于室内私密空间的开放的空间环境。在城市公共空间中居民可以自由地开展各种社会活动，因此城市公共空间及其组成元素势必与人发生互动作用。一方面，城市公共空间表达人们的生活方式和意识形态；另一方面，人们依据各自的需求有意识地设计和建造城市公共空间。

（3）生活性与场所性

城市公共空间是城市生活的必要环境，是人们娱乐、休憩健身和从事其他社会交往的社会场所，每一个城市的公共空间和景观的形成都是这个城市居民生活形态的独特体现。它既是城市居民多年来创造和形成的特定城市文化的表现，又是一定历史时期城市文化的集中表述。

（4）多样性与变化性

由于位置、自然要素、文化和居民的需求不同，城市公共空间往往呈现出多样性的特征和属性。城市公共空间承担着城市的多种功能，是城市生态和城市生活的重要载体。具有多重目标和功能的城市公共空间以多层次的方式复合在一起，形成完整的城市公共空间体系，以不同的功能和形态满足城市公民对于公共生活的场所需求。

城市随着人类社会的发展而出现，同时随着社会、经济等的发展而不断变化，因此城市公共空间也会根据城市功能的发展变化以及市民生活方式的改变而相应地发生变化，这也是其变化性属性的体现。

二、城市公共空间与城市家具的关系

城市公共空间的建筑、绿地、人流、天空等因素复合在一起，形成一个有机的整体，其中空间的形态和功能具有举足轻重的地位和作用，它决

---

❶ 王鹏. 城市公共空间的系统化建设 [M]. 南京：东南大学出版社，2001.

定了环境的整体质量。城市家具与其所处的城市公共空间有着千丝万缕的联系，二者不可分割。城市家具如果没有公共空间作为载体，就无从设置；城市公共空间如果没有城市家具的参与构成，就会因为缺乏功能性作用的补充而显得空洞乏味，因此城市公共空间与城市家具二者是相辅相成、互相依存的，前者是后者的容器，后者是前者的内容之一。

1. 城市公共空间制约城市家具

城市家具广泛应用于城市公共空间的营造中，成为现代城市公共空间功能和品质的重要体现。作为城市公共空间中最具活力和功能性的构成要素之一，城市家具越来越受到城市管理者和城市居民的关注。城市家具很重要的属性是公共性，它安置和设置于开放性的公共空间，必然与周围的生态和人文环境产生相互作用，因此与环境的和谐性是城市家具设计很重要的考虑标准，这意味着城市家具必须从根本上与其所处的空间在形态、功能、审美和人文气息等方面和谐相融。

成功的城市家具应该能与其所处的环境充分互动、有机结合，一方面，它从属于周围的环境并受其制约，在主题、风格、尺度、材质、色彩等方面与特定的环境因素相符合；另一方面，设置何种功能的城市家具也应当根据特定公共空间在功能和形态等方面的需求而确立。

2. 城市家具适应并塑造城市公共空间

城市家具作为城市公共空间很重要的组成元素，除了适应并从属于环境条件外，还影响并塑造周围的空间环境，改变公众的心理和视觉感受，甚至参与空间的结构规划与造型。

城市公共空间是人们进行各种社会交流活动的空间场所，其中的城市家具必然与公众产生互动，能够帮助人们在公共空间中自由交往、对话和沟通，带给公众良好的环境体验，加深公众对公共空间环境的理解和记忆。

城市家具对公共空间的塑造，在于其与自然要素、人工要素、文化氛围以及公众的和谐共处，在于城市家具规划设置和设计方面的以人为本，在于能够协助周围空间环境与活动于其中的公众之间搭建产生良好互动关系的桥梁。

3. 城市家具是提升城市公共空间品质的重要因素

当前，很多城市为了提高自身竞争力，将公共空间的发展纳入城市发展的总体策略中，把公共空间环境的发展以及综合治理的提高作为政府推动城市发展、激发城市活力的根本任务。城市是一个复杂的有机系统，提升城市公共空间品质的策略有很多，往往需要很多城市设计层面的相互配合和统一。而城市家具作为城市公共空间的有机组成部分，在提升城市公共空间品质环节中有其无可替代的地位和作用。

城市家具为城市公共空间赋予了积极的内容和意义，并丰富和提高了城市公共空间景观环境的品质，使公共空间环境更富有生趣。城市家具在为公众提供便利、舒适、快捷的城市室外公共生活的同时，还体现着一个城市的文化特色、人文精神、经济实力等诸多因素，对于提升当地居民的文化认同感，体现地域景观特征，增加区域内居民的精神凝聚力和提高景观的旅游价值都具有重要的作用。

三、承载城市家具的城市公共空间类型

规划层面的研究客体最终以物质形态的表现形式落实在城市空间上，因此有必要对承载城市家具的城市公共空间类型进行划分。城市家具的规划设置与设计在很大程度上从属于城市公共空间的功能，因此对承载城市家具的城市空间类型主要依据城市公共空间的功能进行划分。

依据空间的功能性质，承载城市街道家具的城市公共空间类型可分为休闲空间、城市街道、商业公共空间和居住区公共空间四种类型。其中，休闲空间包括城市广场和城市绿地、公园等；城市街道细分为交通性街道、生活性街道和步行街三种类型，如图 2.1 所示。

1. 休闲空间

（1）城市广场

城市广场根据城市功能衍生的要求设置，通常是城市居民社会生活的中心，广场上可以进行集会、交通集散、居民游览休憩、商业服务及文化宣传等各种活动，其周围分布着重要建筑物，里面建有各种设施和绿地，能集中体现城市空间的环境面貌。

广场由城市功能的需要而产生，并且随着时代的变化不断发展。由于出发点不同，城市广场可以有多种分类。按照历史时期划分，有古代广场、中世纪广场、文艺复兴时期广场、17 ~ 18 世纪广场和现代广场；按照主要功能划分，有市民广场、市场广场、建筑广场、纪念性广场、生活广场、交通广场等；按照形态划分，有规整形广场、不规整形广场和广场裙；按照构成要素划分，有建筑广场、雕塑广场、水上广场、绿化广场等。❶

一方面，城市广场作为城市空间结构及其功能的需要而存在；另一方面，它又是城市生活方式和城市精神的有机产物，对改变城市居民的生活

---

❶ 李德华 . 城市规划原理（第三版）[M]. 北京：中国建筑工业出版社，2001.

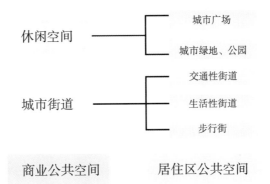

图 2.1
承载城市家具系统
的公共空间类型

休闲空间 ┬ 城市广场
        └ 城市绿地、公园

城市街道 ┬ 交通性街道
        ├ 生活性街道
        └ 步行街

商业公共空间　　　　　居住区公共空间

行为模式以及城市今后的发展产生深远的影响。

城市广场虽然有很多的功能性质分类，但均具备独特的空间环境特点，包括实体环境和社会环境。实体环境是指由建筑、道路、绿地及公共环境设施等组合起来的城市环境，社会环境包括各类社会生活所构成的环境氛围。依据上述特点，广场设计时的基本要求包括：有总体的植被绿化；设置座椅、饮水器、洗手池、公共厕所等可供人群休憩、休闲活动时使用的各类城市家具设施；地面铺砌石板、石块、面砖等硬质装饰图案，以增强平坦空间的表现力和艺术性；配置景观水体、雕塑小品等景观设施，提升环境的活力。各种组成元素较均衡的配比和设置，能够赋予广场轻松、活泼的氛围，使广场的公共性能够得到完美的体现。

城市广场的主要功能是为居民的城市生活提供一个共享空间，是市民进行休闲娱乐活动的重要场所，人们的休憩、交往、观光、表演、娱乐、消费等公共社会活动均在城市广场集中展开，从而增强社会生活的情趣，提升城市活力。同时，城市广场增加了城市空间的深度和层次，并为创造美观的公共景观环境奠定了空间和场所基础。

城市广场一般都分布在城市人口集中的区域，连接并调整街道的轴线，因此应具有完备的公共设施，布置小型建筑物、喷水、雕塑、照明设施、花坛、座椅等公共设施，可以满足人们观赏城市景观或进行休闲娱乐、社会交往等活动的需求，丰富广场空间，提高景观艺术性，并丰富人们的视觉审美和精神感受。图 2.2 ～图 2.5 为荷兰阿姆斯特丹市民休闲广场上的各种不同功能的城市家具设施。

（2）城市绿地、公园

城市绿地是指用以栽植树木花草和布置配套设施，基本上由绿色植物所覆盖，并赋以一定功能与用途的场地。城市绿化能够提高城市自然生态质量，有利于环境保护，提高城市生活质量，调试环境心理，增加城市地景的美学效果和城市经济效益；有利于城市防灾，净化空气污染。

广义的城市绿地，指城市规划区范围内的各种绿地。包括六大类型：公共绿地（即各种公园、游憩林荫带）；居住区绿地；交通绿地；附属绿地；生产防护绿地；位于市内或城郊的风景区绿地（即风景游览区、休养区、疗养区等）。狭义的城市绿地，指面积较小、设施较少或没有设施的绿化地段，区别于面积较大、设施较为完善的"公园"。❶

城市公园是城市绿地系统的重要组成部分，是现代城市的窗口和文明的标志。公园绿地在改善城市环境和保护城市生态方面起着积极的不可或缺的作用。城市公园是城市的绿色基础设施，作为主要的公共开放空间，在城市建设中发挥着重要作用。公园绿地是城市精品绿地和现代化城市园林的主体形式，不但担负着保护和改善城市生态环境的功能，而且还能绿化、美化城市环境，为市民提供舒适、休闲的活动空间。作为城市绿地景观中最能体现诸项功能的绿地类型，公园绿地的数量、面积、空间布局等直接影响到城市环境质量和城市居民游憩活动的开展。在公园建设过程中，如何基于"以人为本"的理念更好地发挥其作用，已成为社会关注的焦点。

城市绿地与公园联系紧密，其面积有大有小，包括封闭、开放、半开放等多种形式，内部设施多为花草树木，山水楼台，亭台水榭，是城市居民休憩休闲并亲近自然的场所。

城市绿地与公园中的城市家具丰富了空间环境的构成要素，塑造了环境的视觉美感，更为重要的是，它要满足人们各种休闲活动的需求。根据服务的环境特征，城市绿地与公园中的城市家具需要具备方便、实用、安逸、清新、舒适及生态化的特点，在设计风格上趋于素静、幽雅和趣味化。城市绿地与公园中活动的人群对休息、散步、交流、欣赏等方面的需求较高，因此这种公共空间的城市家具要注重舒适性和亲和性，并在数量和类型配置上充分考虑环境中活动人群的行为因素，同时注重无障碍和通用设计，以保障各类人群都能够公平地享受美观的环境。

此外，城市绿地与公园中的城市家具设计还要综合考虑不同的环境因素，根据环境的主题进行能够与环境适应融合的设计，使其与周围的空间环境之间具有协调性和统一性，以达到美化环境、塑造景观的附加效果。如图 2.6 ~ 图 2.9 为西班牙巴塞罗那某休闲绿地公园中的各类城市家具。

2. 城市街道

街道，原指两边有房屋的比较宽阔的道路，现在则指两侧建有各式建筑物，配有人行道和各种市政公用设施的城市范围内的道路。人们对城市

---

❶ 百度百科：城市绿地 http://baike.baidu.com/view/649709.htm.

图 2.2 ~ 图 2.5
阿姆斯特丹休闲
广场上的各类城
市家具

的印象在很大程度上来自街道，如何将街道绿化、城市家具、导向标识、人行道等各种元素有机统一，并融入地域文化特征，创造美观、舒适的街道空间，是城市设计者的共同追求。

马歇尔·伯曼（Marshall Berman）认为："街道的主要目的是社交性，由此赋予其特色：人们来到这里观察别人，也被别人观察，并且相互交流见解，没有任何不可告人的目的，没有贪欲和竞争，而目标最终在于活动本身……"出色的街道通常是既能沿途驱车，又能步行其中的公共场所，不过步行是这里的主流。**❶**

街道一般要具备三个方面的功能：交通功能、环境生态功能和景观形象功能。三者的前后秩序和侧重需依据不同的街道特点而定。一般情况下，首先要满足街道的交通功能；其次结合道路两侧及周边地带的环境绿化和水土养护，发挥街道的环境生态作用；在满足以上功能的基础上，进而实现景观形象功能，创造出优美宜人的景观形象。**❷**

在《城市道路规划设计规范》中，根据城市街道交通特征、城市在公共生活中所起的作用、景观特征和各自承担的职能，城市街道可划分为交通性街道、生活性街道和其他步行空间三种类型。**❸**

（1）交通性街道

交通性街道在城市中主要承担交通运输功能，这类街道是城市不同功

---

❶ Berman，Marshall. All That Is Solid Into Air[M]. New York：Viking Penguin，1982.

❷ 张海林，董雅. 城市空间元素公共环境设施设计 [M]. 北京：中国建筑工业出版社，2007.

❸ 李德华. 城市规划原理（第三版）[M]. 北京：中国建筑工业出版社，2001.

2.6

2.7

2.8

2.9

图 2.6 ～ 图 2.9
巴塞罗那休闲绿
地公园中的各类
城市家具

能区域之间的纽带，满足各功能区之间日常人流和物流空间转移的需求，在发挥交通功能的同时，这类街道通常也是城市景观的重要组成部分。

城市街道在城市形成初期是具备双重功能的，它既是交通空间，又是生活活动空间。随着社会文明和科技的进步，城市在不断扩张，为了提高速度及增加可达范围，人们开始逐渐使用代步工具，从人力车、马车、自行车到机动车，通行的速度从 4 公里 / 小时增加到 40 公里 / 小时以上。将人力、畜力、机械动力、燃油动力用于交通运输无疑是一个伟大的进步，但却在很大程度上扰乱了街道的原有功能。在马车甚至自行车时代，交通与生活这两种功能在城市街道中还是可以并存的，而当汽车成为主要的交通运输工具之后，扰乱了人们在街道中的生活活动，给行动自由和人身安全造成了威胁，同样，以往城市街道中发生的各种生活活动也阻碍了车辆的通行，造成交通阻塞和混乱的局面。因此城市街道的交通性和生活性逐渐根据城市发展的需求分离开来，形成以交通性功能为主的街道和以生活性功能为主的街道。

纯交通性的街道只能适用于城市中心地区以外的环路和通向郊区的放射路。城市中心区域由于人口众多，各种生活活动频繁，大部分街道还是应当兼顾生活与交通双重功能，按人流量适当地在功能方面有所侧重。

可以对人、车共存的交通性街道空间进行适当的规划设计，将人与车分流，如适当放宽车行道两侧的人行道，使行人活动自然，不影响车辆交通；或者在车型带与人行道中间设立绿化带，既分割空间，又起到隔声、防尘和遮阳等作用；人行道区域还可以设置适当的城市家具，如公用电话、垃圾箱、休息椅、公交站点等，以丰富步行者的活动空间；车流量较大的交通性街道在必要的地方架设天桥或地道，方便行人过街等。

（2）生活性街道

城市生活性街道一般是指与居民生活密切相关的居住区、商业区、文教区、办公区内的街道，其主要任务是为各类生活功能区内人的活动和物质的流通提供必要的空间载体。

一般来说，城市中居住区的面积大约占30%以上，并且需要与文教、医院、商业等服务设施配合，因此生活性街道的范围最为广泛，是城市街道的重要组成部分。

生活性街道与交通性街道的区别在于，生活性街道尽管也是人、车共存的公共交通空间，但是更注重以人为主的原则，车行尽量服从人行的要求，空间环境有利于行人进行各种活动。

当前，大部分城市存在中心区道路狭窄、路网稀少、建筑密集、人口拥挤的问题。由于中心城区的人口密度相对较高，人们的日常生活交往、业务活动、贸易交流，以及工作、学习、购物、娱乐等都需要良好的空间环境，因此需要布局设计合理、功能设施人性化的室外空间容纳这些满足生活需求的城市家具。

另外，生活性街道人口密度较大，安全就显得尤为重要，因此在改造和更新时应尽量增加人行道的宽度，配置足够的绿地、绿化带以及必要的城市家具如座椅等，以供人们休息和交往。

（3）步行街

步行街顾名思义是专为行人步行设置的街道类型，是城市街道的一种特殊形式。

步行街（pedestrian mall），"pedestrian"一字的原意是"on foot"，即步行的意思，"mall"则是指一种宽敞、供步行的林荫大道，"pedestrian mall"即指供人徒步而不受汽车干扰的街道。从专业角度来讲，"步行街"又称为"行人徒步区"（traffic free zone）。

步行街往往根据特定的功能和地区规划设计，大多以商业功能为主。由于步行街的功能特性，它具有相对独立的空间领域，因而就有了街道两边的商店，各类城市家具设施以及绿化带。

现代步行商业街往往都是从城市中原有的某条生活性街道或传统商业

街道发展起来的，其主要功能是汇集或疏散街道两侧商业建筑内的人流，并为这些人群提供适当的休息和娱乐空间，创造既安全、舒适，又方便的购物环境。在商业步行街中，购物这一主要行为和步行这一行动方式自然有机地结合在一起，相互促进，以步行交通为主，极大地改善了购物环境，使人们能够远离汽车带来的麻烦，自由、舒适地享受购物的乐趣。步行街道中城市家具的设置和设计也要根据属性特点，考虑人群的行为特征，在功能和数量配置上满足人们必要性、自发性和社会性活动的需求，并在形式设计上引导和规范人们的公共行为。

3. 商业公共空间

商业活动是城市的重要功能之一，现代城市商业区是各种商业活动集中的地方，包括零售以及与其相配套的餐饮、旅宿、文化和娱乐等。商业区的分布与规模取决于居民购物与城市经济活动的需求，在人口众多、居住密集的城市，商业区的规模较大。根据商业区服务的范围，大、中城市可有市级与区级商业区，小城市通常只有市级商业区，在居住区及街坊布置商业网点，其规模无法形成商业区。

商业区一般分布在城市中心和分区的中心地段，靠近城市干道的地方。须有良好的交通连接，使居民可以方便地到达。商业建筑的分布形式有两种，一种是沿街发展；另一种是占用整个街坊开发。现代城市商业区的规划设计多采用两种形式的组合，成街成坊地发展。西方国家的城市一般都有较发达的商业区，例如美国城市的闹市区（Downtown），德国城市的商业区（Geschäfts-bezirk）。商业区是城市居民和外来人口从事经济活动、文化娱乐活动以及社会生活最频繁集中的地方，也是最能反映城市活力、城市文化、城市建筑风貌和城市特色的地方。❶

城市商业空间大多位于城市的商业中心区域，是城市功能的重要组成部分，人们相对集中地在此从事商业活动。它为城市及城市所在区域提供了经济、文化、社会等活动设施和服务空间，并在特征上有别于城市其他地区，集中体现城市的社会经济发展水平和发展形态。城市商业空间往往具有人流量大、活动空间相对较小、公众结构多元化的特点。

城市商业空间中城市家具的设置和设计要注意商业背景和公众特点，注重多功能和娱乐性的体现，以活跃空间氛围并引导消费行为。商业空间中的人流活动较快，因此城市家具要提供快捷和便利的服务，并在视觉效果上较为凸显，以增强其识别性和可达性；另外，在尺度设计上要注意不能占用太多的公共空间，以保障环境空间的通路畅通；同时，还要考虑到

---

❶ 李德华．城市规划原理（第三版）[M]．北京：中国建筑工业出版社，2001.

商业空间由于人流量较大会发生的与人或物体碰撞的问题，在牢固程度和安全性方面要予以充分重视。在设计风格方面，一般趋向于大众情调及多样化的时尚、艺术氛围的营造，多倾向于轻松、热情、诙谐、活泼的感受。

4. 居住区公共空间

一般称居住区，泛指不同人口规模的居住生活聚居地，特指由城市干道或自然分界线所围合，并与居住人口规模（30000～50000人）相对应，配建有一整套较完善的、能满足该区居民物质与文化生活所需的公共服务设施的居住生活聚居地。**❶**

城市的历史在某种意义上是城市住宅的演变史，市民是城市的伟大创造者，因而居住区也是一座城市极其重要的组成部分，面积往往占到城市的30%以上。在城市的发展、更新与重构中，城市居住区环境的建设对于城市环境的改善具有举足轻重的作用。毋庸置疑，一个城市居住环境的优劣也是其经济发展、技术进步与文明程度的重要标志。

居住区公共空间是与城市居民的日常生活关系最为密切的公共空间类型，也是人们日常生活活动的主要场所。居住区公共空间中的城市家具既能够改善和丰富居民的居住生活环境，又能够满足人们日益提高的精神文化需求。

居住区的组成要素也是居住区的规划因素，主要有住宅、公共服务设施、道路和绿地。

居住区公共空间中的城市家具与居民、市民的接触和交流最为频繁，因此在规划和设计上必须把"以人为本"的原则放在首位，在人机工学、形态、材质等方面充分考虑使用者的感受，使其具有较强的亲和力和易操作性，并注重与使用者的互动，适当地增加情趣性和娱乐性，以满足居民交往、娱乐的心理需求。

此外，居住区内同一处公共空间不只具备单一的功能，在不同时间，对于不同人群，空间的实用功能也在变化，因此居住区公共空间中的城市家具需要具备复合性和功能多样性的特征，不仅使各类人群的功能需求得到满足，大幅度提高空间利用率，还可以有效地促进居民公共活动发生的机会与频率，方便居民的日常交往活动和邻里间情感的沟通交流。图2.10～图2.13所示为西班牙巴塞罗那居住区内的各类城市家具。

---

❶ 百度百科：城市居住区 http://baike.baidu.com/view/224348.htm.

2.10

2.11

2.12

2.13

图 2.10 ~ 图 2.13
巴塞罗那某居住
区内的各类城市
家具

第三章　城市家具系统观的构建

一、关于系统论

　　"系统"一词，来源于古希腊语，是由部分构成整体的意思。系统思想源远流长，但作为一门科学的系统论，人们公认现代系统论的创始人是美籍奥地利裔理论生物学家 L.V. 贝塔朗菲（L.Von.Bertalanffy）。他在1932 年发表"抗体系统论"，提出了系统论的思想；1937 年又提出一般系统论原理，奠定了这门科学的理论基础。但是他的论文"关于一般系统论"直到 1945 年才公开发表，1948 年他在美国再次讲授"一般系统论"时，这一理论才得到学术界的重视。确立这门科学学术地位的是 1968 年 L.V. 贝塔朗菲发表的专著《一般系统理论基础、发展和应用》（*General System Theory：Foundations，Development，Applications*）。

1. 系统的含义

　　L.V. 贝塔朗菲在《一般系统理论基础、发展和应用》一书中指出："所谓系统，就是指由一定要素组成的具有一定层次和结构，并与环境发生关系的整体"。

　　今天人们从各种角度研究系统，对系统下的定义不下几十种，例如："系统是诸元素及其顺常行为的给定集合"；"系统是有组织的和被组织化的全体"；"系统是有联系的物质和过程的集合"；"系统是许多要素保持有机的秩序，向同一目的行动的东西"；"系统是由部分组成的整体"等。这些定义对于系统的理解和概括并不完全正确或全面，因为系统不仅是一个"整体"或"集合"，而且是具有一定层次和结构并处于一定环境中的整体，这也正是系统思想和整体思想的本质区别。如果只关注系统的整体性，就势必忽略系统的其他特性，这是不能被称为系统方法的。

　　一般系统论则试图给出一个能描述各种系统共同特征的一般的系统定义，通常把系统定义为：由若干要素以一定结构形式连接构成的具有某种功能的有机整体。在这个定义中包括了系统、要素、结构、功能四个概念，表明了要素与要素、要素与系统、系统与环境三方面的关系。

系统论的核心思想是系统的整体观念。贝塔朗菲强调，任何系统都是一个有机的整体，它不是各个部分的机械组合或简单相加，系统的整体功能是各要素在孤立状态下所没有的性质。他用亚里士多德的"整体大于部分之和"的名言说明系统的整体性，反对那种认为要素性能好，整体性能一定好，以局部说明整体的机械论观点，同时认为，系统中各要素不是孤立地存在着，每个要素在系统中都处于一定的位置，起着特定的作用。要素之间相互关联，构成了一个不可分割的整体。要素是整体中的要素，如果将要素从系统整体中割离出来，它将失去要素的作用。❶

2. 系统的基本特征和属性

系统的整体性是系统研究的核心。它主要表现为系统的整体功能，即"整体大于其部分之和"。系统研究的主要任务就是以系统为研究对象，从整体出发来研究系统整体及其组成要素间的相互关系，从本质上说明其形式、结构、功能、行为和动态。系统一般具有四个基本特征：

（1）集合性。指系统是由两个或两个以上可以相互区别的要素组成的集合体。正是基于系统的这种集合性，可以对复杂的系统进行分解，以实现对复杂系统的科学分析。

（2）层次性。指系统各组成要素之间具有一定的层次结构，从而形成系统内部要素之间的某种相互作用、相互依赖的特定关系，这种关系进而构成一定的结构和秩序。因此，在对系统进行管理、控制、分解时应同时注意系统的层次结构、各子系统或构成要素在系统中的地位和作用，以便合理地组织系统。

（3）目的性。系统的构成总是为某一目的服务的。为了实现系统的目的，系统必须具有控制、调节和管理的职能，管理的过程就是使系统进入与其目的相适应的状态。

（4）环境适应性。是指系统适应外界环境变化的能力。所谓环境，是指系统的外部条件，也就是系统外部对该系统有影响、有作用的诸因素的集合。在一个大系统中，对于某一个特定的子系统来说，其他子系统就是它的环境。

3. 系统论的基本方法和主要任务

系统论的基本思想方法，就是把所研究和处理的对象当作一个系统，分析系统的结构和功能，研究要素、系统、环境三者的相互关系和变动的

---

❶ 百度百科：系统论 http://baike.baidu.com/view/62521.htm.

规律性，并优化系统观点看问题。

系统论的任务不仅在于认识系统的特点和规律，更重要的还在于利用这些特点和规律控制、管理、改造或创造系统，使它的存在与发展合乎人的目的需要。也就是说，研究系统的目的在于调整系统结构，协调各要素关系，使系统达到优化目标。❶

4. 系统方法的基本原则

系统关系十分复杂，但概括起来，整体与部分、整体与层次、整体与结构、整体与环境的关系是系统内最基本的关系，人们只有从这四个方面把握事物，才能真正正确地认识一个系统。为此，我们必须坚持系统方法的四个基本原则：

（1）整体性原则。它是系统方法的核心，抛弃了整体性原则，系统方法也就不存在了。城市家具系统也是如此，要站在自身系统之外，从城市公共空间的系统建设发展乃至地区和城市的发展等更高级的系统出发去研究问题。

（2）层次性原则。就是要求人们在认识或管理系统对象时，一定要遵循其层次特性，注意层次与整体的相互作用和影响。因此，我们要充分发挥一个城市家具系统的最佳性能，就必须设法克服该系统各个层次之间的不协调方面，使其保持最大限度的整体一致性。

（3）结构原则。就是要求人们在认识和管理系统对象时，注意内部各种要素和层次之间的结构方式，以及这种结构方式对系统整体的作用和影响。其具体要求有：通过认识和改变系统的空间、时序、数量结构来把握和强化该系统的整体功能。

（4）环境相关原则。就是要求人们在认识和管理系统对象时，注意系统整体与环境的相互联系和作用，以及这种相互作用对系统整体功能和环境的影响。

二、城市家具系统的内涵

1. 城市家具系统的含义

从系统论的观点来看，系统是普遍存在的，从基本粒子到星球、从银河系到宇宙、从细胞到人体……都以系统的方式存在着。

系统科学为人们提供了一种以整体性、综合性、层次性、动态性和开放性的原则解决多因素、动态多变、有组织的复杂系统的崭新思维方式，

---

❶ 百度百科：系统论 http://baike.baidu.com/view/62521.htm.

即系统思维方式。系统思维方式或系统思想能够从整体上准确把握城市家具这样一个有诸多影响因素构成的系统，这对于解决复杂多样的城市家具系统中的问题是有很大帮助的。

单独将城市家具作为艺术设计的一个分类来看，凭借设计师的灵感和创造，设计出一件出色的作品并不难，但如果要使整个城市、地区或区域中的城市家具在整体上层次分明，功能结构清晰、布局设置合理且外观形式多样，并具有美观的艺术品质却并非易事。如果没有对城市家具系统进行整体效果的控制与把握，各种毫无关联、各具风格的城市家具单体组合在一个公共空间中，形成的只能是一些支离破碎的局部，给人们所留下的印象只能是片断的、孤立的，甚至是自相矛盾的。因此，有必要将城市家具或者某一区域内的城市家具作为一个系统看待，从整体和系统的观点出发，全面地分析系统中要素与要素、要素与系统、系统与环境之间的关系，从而把握其内部联系与规律性，达到有效控制与改造系统的目的。

城市家具作品作为艺术设计作品的个体是具象的，任何一个城市家具设置摆在公众或使用者面前的时候，都会在其认知意识里形成一个十分明确的感官概念；但当城市家具布置在城市公共空间中，并形成多功能、多形式的集合效应的时候，"城市家具"这一概念就代表了一个复合体。这个复合体中的每个城市家具设施都有其单一的要素，有其独立的结构、形式和功能，并与周围环境及景观产生密切的联系。作为一个复合体中的组成部分或组成要素时，城市家具的功能、数量与位置就不能随意确定，而是更加注重其在整个系统集合体中的地位与作用，从而确立位置、数量、形态等自身要素，以确保整个系统集合体的功能能够得到最大化的发挥。所以城市家具的系统化，主要是明确系统中个体与个体、个体与总体、个体与周围环境及总体与其他空间环境要素之间的关系，并以这种关系为基础，明确城市家具设施在其所处的公共空间中的地位与作用，明确构成空间形态与品质的要素构成。

城市家具系统是由相互作用、相互联系、相互依赖的各种城市家具设施组成，具有一定层次、结构和功能，处在一定的公共空间环境中的复杂的人工系统。城市家具系统是一个由各种公共性设施组成的复合体，除了城市家具设施自身之外，还涉及使用人群、使用环境等多种复杂因素，因此用系统的思维和理念来进行综合性的思考以实现其协调性和整体性就显得尤为重要。

当用系统论的观点看待事物时，城市本身就是一个集经济、社会以及生态系统于一体的庞大的复合地域空间系统。城市家具系统是城市复杂系统的一个组成部分，外部环境从物质层面来说是其所处的城市公共空间，而从精神层面来说则是城市或区域的性格或文化特征氛围。同时，城市家

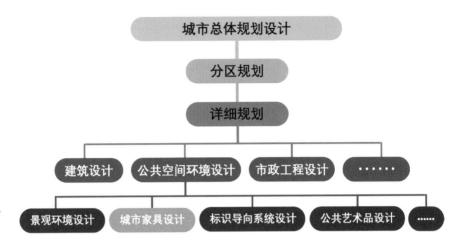

图 3.1
城市家具在城市
设计中的层级

具内部又是由若干个子系统组成的，各子系统的构成要素之间相互作用，因此，系统论思维应当作为城市家具规划和设计的基本方法。

城市公共空间的系统化建设是一个庞大的城市设计体系，城市家具系统是其中若干个子系统之一，如图 3.1 所示。系统性的城市公共空间有利于改善城市交通、促进城市有序发展和提供感受；而系统性的城市家具有助于形成有序的城市形态、连贯的城市标识和形成良好的视觉感知，从而改善城市的视觉环境，提高人们的户外生活质量。

2. 城市家具系统的组成要素

系统是由一系列相互联系的要素组成的具有特定功能的统一体，因此了解和认识一个系统不仅要整体、直观地审视它，更需要对其内部各个要素进行分析和研究。系统和要素的关系有如下三个方面：系统与要素的关系、系统通过整体作用支配和控制要素、要素通过相互作用决定系统的特征和功能；系统和要素的概念是相对的，系统的要素之间在本质上都是有联系的，要素与要素之间相互作用、相互制约、互动互应，一个要素的变化会也会影响其他要素，从而引起其他要素的回应性变化。

城市家具涉及的因素有很多，而系统中的要素是指在整个系统中起决定性作用的元素。城市家具系统中的要素主要包括功能要素、形态要素和环境要素。

功能要素是指每种城市家具所提供的服务作用（功能特性），即城市家具的功能类别，不同功能类别的城市家具设施可以作为系统中的不同组成要素来看待。功能要素是城市家具系统的立本之源，在一定程度上决定形态要素的特征并影响环境要素的功能作用。

形态要素是指城市家具的外观形态及使用方式，这一要素能够影响功能要素的正常发挥，并影响环境要素的塑造。

环境要素又可以分为物质空间环境要素和非物质空间环境要素。物质空间环境要素是指城市家具系统所处的公共空间环境，它是城市家具的空间载体；非物质空间环境要素是指城市家具系统所处公共空间环境的独特城市文化与地域特色等，它可以通过城市家具的形态要素体现出来。城市家具系统的三种要素是相互关联，互相影响的，一个好的城市家具系统一定是具备完善的三种要素的复合系统。

3. 城市家具系统的结构

系统论认为，"结构是指系统内部各个组成要素之间相对稳定的联系方式、组织秩序及其时空关系的内在表现形式。系统中各要素所具有的一种必然性的关系及其表现形式的综合导致了系统的一种整体规定性"。❶ 每个系统都有其结构，而结构就是系统中关系的组合，其中各部分之间相互联系，并以整体的关系为特征。世界是由各种关系构成的，关系就是结构构成的基础。

系统的结构反映系统的内在关系，是系统的一种内在规定性。系统是由要素有机联系组成的整体，要素的有机联系就成为系统结构的基础。正是这种有机联系使系统具有了整体行为，使结构具有了整体性的特征。整体性就是指"一个由各种成分构成的整体总会组成一定的结构，并有秩序地构成一个完整的系统"。❷ 它主要依赖于结构组织的层次性和相互作用的关联性，"关联"的普遍性和连续性是结构整体性的前提，也是秩序性的必然表现。秩序性被觉察为人类感觉的一种意象，为理智所领悟，为科学所实现。阿尔海姆（Rudolf Arnheim）在《建筑形式的动态》一书中指出："秩序必须被理解为任何有组织的系统在发挥作用时必不可少的东西，不管其功能是精神的还是物质的"。❸ 系统中秩序的建立意味着系统结构的形成，它使系统中各个成分构成关系得以有机整合，由此使系统具有了某种特定的功能，完成某种特定的任务。

城市家具的价值和作用不仅体现在某一个城市家具设施单体本身，还取决于整个系统的整体有机性。整体有机性就是指各个组成部分之间既相互联系又不雷同，既和谐统一又变化丰富的结构序列。城市家具系统的系统化过程在很大程度上就是系统内部结构的秩序化，包括城市家具功能配置、层次处理是否需要整合以及数量配置的序列化等方面。

通常从三个方面对城市家具系统的结构进行秩序化的处理：首先是功

---

❶ 魏宏森，曾国屏. 系统论——系统科学哲学 [M]. 北京：清华大学出版社，1995.

❷ 霍克斯 T. 结构主义与符号学 [M]. 瞿铁鹏，译. 上海：上海译文出版社，1987.

❸ Rudolf Arnheim. The Dynamics of Architectural Form[M]. Berkeley：University of California Press，1977.

能有序，城市家具设施功能的发挥是一个过程，过程由不同的活动、步骤、阶段组成，不同活动、步骤、阶段之间按照一定的规则和秩序相互联系、转换和过渡，不同的功能相互配合，形成一个整体的功能体系，以满足公共空间环境中活动人群的各种不同需求，同时也要避免不必要的功能设置和功能重复设置现象的发生，使系统内部资源得到最优化配置。

其次要考虑层次有序，分析城市家具系统所处的区域空间的功能类型以及人群特征，考察出何种功能和类型的城市家具设施的需求量最大，并考虑是否可以将需求率较低的城市家具设置与需求量高的城市家具设施在形态和形式上进行整合，使不同类型、不同需求等级的城市家具设施之间能够按照一定的规律层次分明地协同配合，形成结构有序且各层次紧密联系的优化系统配置方案。

最后是行为有序，城市家具系统与其所处的公共空间环境之间按照一定的规则互动互应，以城市家具设施的功能作用、形态特征以及位置规划等方式引导和规范环境中人群的行为方式，并有效地划分公共空间区域，帮助城市公共空间形成有序的行为动线。

4. 城市家具系统的功能

系统的功能是系统存在的根本原因，指一个系统改变或影响其他系统，以及承受或抵制其他系统的影响和作用的能力，亦指一个系统依靠从周围环境获取的物质、能量、信息发展自己的能力。系统的功能可以为作用对象的生存发展提供支持或服务，同时也使作用对象向着有利于其生存发展的方向变化。可以说，系统的功能首先是系统自身存在和发展的根据，一个事物通过为其他事物提供功能服务获得自身生存发展的条件，同时也获得其他事物为自己提供的支持服务。

此外，系统的功能与结构之间有着内在的联系：结构是系统的内在根据，功能是要素与结构的外在表现，一定的结构总是表现为一定的功能，一定的功能总是由具有一定结构的系统实现的；功能相对独立，同时对结构具有反作用。功能在与环境的相互作用中会出现与结构不相适应的异常状态，当这种状态维持一段时间后，就会迫使系统结构发生变化，以适应环境的需要。

城市家具系统的功能体现在多个方面：第一，它能够为城市公共空间的人群提供各种功能性的服务，满足市民生活、社交的需要；第二，它能够有效地划分空间环境格局，并突出环境的功能和主题；第三，它能够提升环境的装饰性美感，赋予环境活力与亲和力；第四，它能够承载和体现环境特征、城市文化和城市精神；第五，它能够大幅度提升城市魅力，塑造良好的城市形象。城市家具系统作为城市综合体中的一个子系统，功能是其立足之本，因此要优化城市家具系统的结构层次配比，确保其功能性得到最大程度的发挥。

以系统论思维指导城市家具的规划与设计是保障系统功能有效发挥的有力手段，只有在设计之初考虑到各种城市家具设施之间的分工协作和相互配合，才能够使城市家具系统成为一个有机的整体，从而更好地提供各种功能性服务，实现场所需要的整体功能和最佳效果。

三、城市家具系统的环境

所谓环境，是指系统的外部条件，也就是系统外部对该系统有影响、有作用的诸因素的集合。就城市家具系统而言，系统的环境有狭义和广义之分，狭义的城市家具环境仅指物质空间背景，即城市家具系统所处的城市公共空间，而广义的城市家具环境还包括城市历史、城市文化、城市公众和城市精神等非物质环境背景，如图 3.2 所示。

1. 城市家具系统的物质环境

环境对系统的塑造不仅在于为其提供载体、资源和条件，还在于施加约束和限制。约束和限制对于系统的生成、发展既有一些消极的影响，又有积极的作用，其中积极的作用是主要影响。系统要从复杂的环境中独立出来，成为一个服务于环境的子系统，就不能缺少环境对其产生的必要限制和约束。

城市家具系统以城市公共空间环境为背景，与周围的景观构成和其他环境要素发生着千丝万缕的联系，是整个公共空间环境的有机组成部分，在很大程度上影响着这一公共空间的整体风貌和功能体现，所以城市家具的设计不能只考虑设施单体的功能性和艺术性，而忽略了环境背景的影响。

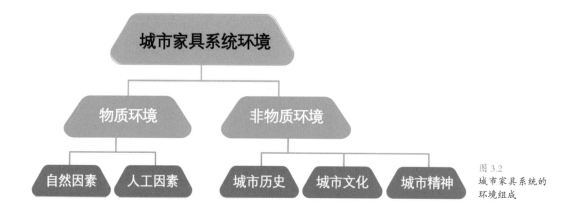

图 3.2
城市家具系统的
环境组成

城市家具的价值体现除了取决于其功能性的发挥，还在很大程度上取决于是否能够与其所处的环境相辅相成，因此城市家具的规划和设计必然受到公共空间环境的制约和限制。环境为系统提供空间载体、资源和条件，同时也对其产生限制和约束作用，这两方面是相辅相成的，也是维持城市公共空间环境系统整体性并保障城市家具系统功能性和装饰性作用有效发挥的必要条件。

物质空间环境对城市家具系统的影响包括自然因素和人工因素两个方面。自然因素是指城市公共空间的地理环境、气候特征及自然资源等不以人的主观意志而改变的因素；人工因素是指城市公共空间的空间环境特征、景观风貌特征、功能分类特征及活动人群特征等人为因素。

自然因素是人居环境及活动的最基本条件，在一定程度上影响着城市家具的设计，尤其是材料选择、色彩配置和造型等能够带给人直观视觉感受的部分。例如，北方城市由于气候干燥，冬季寒冷，城市家具设计要尽量避免选用不锈钢、铝材等具有寒冷感的金属材质，而多选用木材、树脂、塑料等具有温暖感的材料，以提升城市家具设施的亲和力；而在南方温热湿润的城市，城市家具设施的选材则要注意防潮、防锈和防腐，确保城市家具设施有较长的使用寿命，避免资源的浪费。此外，不同的自然环境产生不同的资源和材料，而这些材料往往具有鲜明的地域性特征，将其运用和整合到城市家具系统的设计中，不仅能充分利用资源优势，还能传承和发扬地域文化特色，促进当地经济的发展。

人工因素是城市设计者在规划城市公共空间环境时主观确定和设立的一系列条件，在很大程度上影响着城市家具系统的规划和设计。城市家具设施的形态、色彩、结构等设计方面的要素要综合考虑其所处的城市公共空间的空间环境特征、景观风貌特征，以期能够充分与周围环境融合统一，塑造整体性的景观环境；而城市家具的功能类型设置、数量配比、是否需要功能整合等规划层面的因素则要依据其服务的城市公共空间环境的功能分类特征及活动人群特征来确定，这样才能保障功能性的有效发挥，优化环境资源配置并引导和规范人的行为活动，从而形成有机和谐的公共空间环境。

2. 城市家具系统的非物质环境

城市家具系统的非物质环境即指所处城市的人文环境。人文环境是人们在日常生活中为了满足精神方面的需求，在自然环境基础上产生的一定的历史性、文化性特征，这种相对固有的非物质环境也会对城市家具的设计产生不同程度的影响。非物质环境与城市家具系统之间的作用是相互的：城市家具设计可以从城市人文环境中提取要素、吸取营养，城市家具系统也有助于提高城市的公共环境质量，提升城市的环境识别性和空间品质，塑造良好的城市精神形象体系。

（1）城市历史

凯文·林奇说："城市设计可以说是一种时间的艺术。"一座城市在漫长的历史发展过程中所形成的个性特点，是这座城市最具价值的因素，也是这座城市的灵魂。城市在时间性发展过程中逐渐形成了特定的城市规划、建筑风格和街区特色，同时形成了特有的城市文脉和历史积淀。城市家具系统作为城市系统中的一个子系统，也要承担传承和发扬城市历史文化的责任，根植于城市的发展历史和特有的城市特色，从历史积累形成的独特城市形象中汲取设计灵感，延续城市历史的美学价值。

（2）城市文化

在城市的发展历程中，文化是最本土、最生态的，也是最富有特点的。在人与环境、传统与现代相互作用下产生的千差万别的城市文化，塑造了一座座城市的个性化形象。文化因素主要从强调传统、宗教、历史、民俗，以及地域性人文特征等方面进行展现。城市家具作为城市景观环境的构成要素，伴随着城市生活真切的文化体验而呈现，如实地反映出一座城市及其居民的生活历史与文化态度。

城市家具的造型设计应从当地特有的文化特征中提取符号元素，从城市的传统样式、地方风格、材料特征、城市色彩等方面吸取灵感，同时不断发掘新的文化特征，寻求现代与传统的有机融合，使城市家具系统既具备地方性特征，又具备时代性特征。借助城市家具地域性特征意象的传达，传统文化得到尊重，同时增强了城市居民的文化认同感和亲切感。系统化设计的城市家具系统能够成为实现城市生活和公共空间的人性化和效率化运作的基本保障，与城市文化特色有机结合并协调统一的城市家具系统能够充分展现城市的文化形象及风格特征，提升城市文化形象。

（3）城市精神

与街区、建筑、景观等物质空间构成要素相比，城市的人文性特征相对抽象和宏观，更多地表现为城市的性格和精神。城市精神是城市在历史发展中由于自然因素和社会生活相互作用而形成的个性特征，是城市市民普遍遵守的价值取向和共同的行为规范，同时也是一个城市展现出的独特的人文形象。

城市精神是社会科学研究的范畴，它与城市文化既密切相关又有明显区别。一般而言，城市精神是建立在市民的共同价值观、共同理想和信念的基础上，并被市民认同和接受的整体意识。❶

---

❶ 黄耀志，赵潇潇，黄建彬.城市雕塑系统规划 [M].北京：化学工业出版社，2010.

理解并根植于城市精神，对于城市家具系统的设计具有十分重要的意义，不仅关系到城市市民的普遍审美水平和对新事物的接受程度，还关系到人们对城市的认同感和归属感，这对于城市家具系统风格意向的形成具有重要的影响。

根据系统论的观点，系统与环境之间是相互塑造、相互影响的。城市公共空间为城市家具系统提供空间和资源载体，同时城市家具系统也要受到城市历史、文化、精神等因素的影响和制约，因此城市家具系统的规划和设计要将其所处的公共空间环境特征和精神内涵等要素紧密联系并视为整体，从而形成和谐统一的城市景观，呈现出具有鲜明城市文化特色的城市形象。

四、城市家具系统化的意义

1. 利于城市家具系统自身内部结构的优化

区域空间环境内的城市家具系统是由各种不同功能、形态各异的城市家具设施组成的复合整体，依据系统论原理，各组成要素之间需要根据一定的规则和层次形成合理有序的结构，才能保证系统的总体功能得到最大程度的发挥。

以往注重对城市家具进行分类研究，按照服务的环境、形态或功能等详细分类，但却忽略了各种不同类型的城市家具是服务于同一区域公共空间环境和有相似行为特征人群的事实，忽略了城市家具作为一个系统的整体性特征，从而出现了配置、数量、形态与环境需求不相适应的问题。而将系统化理论引入城市家具的规划和设计恰恰能够解决上述问题，有利于从总体和整体的角度优化城市家具系统内部的结构和层次，避免传统城市家具规划设计方面"只见树木不见森林"的个体研究和分类研究方法所带来的局限性和片面性；还可以避免传统研究和实践中的另一个缺陷，即只注重外观形态表现而忽略系统内部机制的问题。

2. 利于与城市公共空间协调一致

系统的功能是指系统在与外部环境相互联系和作用中表现出来的性质、能力和作用。城市家具系统具有很强的公共性和开放性，它服务并从属于区域城市公共空间环境，环境背景既包括物质空间环境背景，也包括城市历史、城市性格、城市文化等人文环境背景。

城市广场、城市公园／绿地、城市道路等城市公共空间环境是城市居民室外活动的主要空间场所，也是城市家具系统的空间承载环境。城市家具系统内部的功能要素结构在很大程度上取决于其所服务的环境空间规模、环境功能、环境空间格局和主要活动人群行为等方面的特征；同时，城市家具系统的形态要素也在很大程度上受到其所服务的空间环境景观特色及人文环境特色的影响。城市家具的系统化能够将各种不同类型的城市家具作为一个整体系统，研究系统与环境的关系，使系统中的各种要素在保障自身内部结构合理的同时，与周围环境协调统一，塑造美观、便捷、富有区域景观特征的高品质公共空间环境。

3. 利于城市家具系统的层次性分析

根据系统论观点，系统是普遍存在的，每个系统都由相互关联、相互作用的要素或子系统组成。由此，可以将城市看作一个庞大和复杂的人工系统，城市公共空间看作城市大系统的子系统；而相对于城市公共空间系统，则可以将城市家具看作城市公共空间系统的一个子系统，各种不同分类的城市家具设施看作城市家具系统的子系统。

通过系统方法，可以从三个方面解析特定系统的内在规律：即特定层面与整体层面（子系统与整体系统）、特定层面与同级层面（子系统与子系统）、特定层面内部各要素（子系统）之间的互动关系。通过对城市家具系统的层次性进行分解和解析，有利于我们认识其内在结构，以便有效地控制和调整其内部变化，为解决实践中遇到的问题提供方法；通过掌握系统与子系统、子系统之间的相互关系，调整其中可变因素以控制系统的发展，使其向特定的目标演变。

（1）城市家具系统与城市公共空间

城市家具系统与城市公共空间可以说是子系统与系统的层次关系，城市家具系统是城市公共空间各种要素子系统之一，也是城市公共空间重要的组成部分，因此城市家具在规划和设计上都要服务并从属于其所处的公共空间环境，功能要与环境功能特征相适应，规划布置要符合环境中人群的需求，形态或造型设计要与环境的景观氛围和风格协调统一，以期能够在城市公共空间系统中发挥自身系统的功能和优势。

（2）城市家具系统与其他同级子系统

除了城市家具系统外，城市公共空间中还包括导向标识系统、景观雕塑系统、景观造型元素系统等一些子系统。它们都是从属并服务于同一城市公共空间环境的同级要素系统，正因为层次平等、环境相同等因素，它们之间是相互联系、相互促进的关系。在分析城市公共空间子系统类别时往往会将其区分开来，按照设计和管理部门的不同明确分工职责，但是这样的分类化处理会造成因忽略子系统之间的内部联系而"各扫门前雪"的问题，因此，城市家具系统在规划和设置时还要综合其他同级子系统要素的规划和设置，在有必要的情况下进行系统的整合与配合，可以将不同的子系统元素通过巧妙的造型设计附加在同一个形态载体上，以避免物质资源和空间资源的浪费。

（3）城市家具系统的内部各子系统

如果将城市家具系统从城市公共空间环境系统中分离出来单独看待的话，其自身也是一个复杂的系统，各种不同功能分类的城市家具设施则是构成城市家具系统的子系统部分。城市家具系统的价值不仅体现在某一个或几个城市家具设施单体上，而且更多取决于其系统的整体有机性，整体有机性应当是既有联系又不雷同、既和谐统一又富有变化的内部结构序列。各种不同功能类型的城市家具设施应该在功能发挥方面有区分，在形态表现方面有联系，在配置和设置方面相互协调配合，这样才能形成一个不可分割的有机系统，产生"整体大于部分之和"的功能效应。

4. 利于建立完备的城市家具管理体系

无论是在自然系统还是人工系统中，如果没有外力的作用，由于系统内部要素可变性因素的作用，其内部结构都会从有序化走向无序化或无规则化。研究一个系统最重要的目的是控制系统的发展方向，从而达到预期的目标。城市家具系统涉及包括人机、环境、行为学等多学科知识的交叉，非常复杂，处理这种复杂性、多样性、多变性的问题恰恰需要系统思维的介入和整体观念的帮助。对于城市家具系统来说，如果不具备系统化的规划和设计环节，不能对系统内部要素结构有最优化的配置，势必造成层次混乱、良莠不齐的问题，也就无法对其建设和管理环境进行较好的把握和有效的控制。虽然系统论应用于管理科学已经有了成熟的管理方法，但是本书并非套用上述管理学层面的理论，而是依据系统论，结合城市家具系统的特性，从规划和设计环节就开始启动系统的思维方式，发展适合城市家具系统的管理体系。

5. 利于有机地组织城市公共空间中人的行为

环境本身具有一定的秩序、模式和结构，是一系列有关元素和人的关系的综合。近代环境心理学家普罗夏斯基（Proshansky）说："在整体环境中，人只是其中一个组成要素，与其他要素具有一定的联系。"由此可见，人与环境具有整体联系的重要性，人的行为是出于对某种刺激的反应，除了出于自身动机、需求等内部刺激外，也可能来自外部环境的刺激。人与环境相互作用、相互影响，环境行为学认为，环境会影响人的行为，人接触环境所产生的行为活动也会影响环境本身并改变环境。

在城市公共空间活动的人群由于自身主观需求和动机的驱使，希望完成某些特定的行为活动，与此同时，城市公共空间环境及一些特定要素也可以反作用于人，促进或抑制这些行为的发生，甚至引发其他相关活动。

城市公共空间的环境类型和特征可以在很大程度上决定人的行为模式，进而影响其内部城市家具系统的规划和设置。人在公共空间环境中有何种行为和以何种模式进行，不仅与空间环境的形态和特征关系密切，还受城市家具设施形态及布局的直接影响。各种城市家具设施通过提供特定的功能，支持人们在城市公共空间中的行、停、坐、谈、看、喝、扔等各种行为。城市家具的系统化能够把握系统整体与环境的关联性要素，并通过系统内部要素结构的优化配置，规划出合理的各类城市家具设施的布局和功能设置，以便于有机地组织城市公共空间中人群的活动和行为，使公共空间环境内部活动呈现和谐有序的状态。

五、城市家具系统化的构建

系统化就是完整、综合、系统地考察和分析研究对象。系统化的框架是将构成系统问题的每一部分要素协调起来，进行整体考虑、综合分析、深入研究，以寻找解决问题、协调运作的最佳方案。

系统性原则实际上是针对我国当前城市家具系统化建设问题的一种可行性的解决途径和有效方法。系统化原则在城市家具系统化建设过程中主要体现在横向和纵向两个方面，如图3.3所示。

纵向的系统化是指项目运作过程中的立项决策，系统性规划、系统性设计和系统性建设，实施与管理等环节通过相互联系和衔接构成的有序体系，以及每个环节在运作过程中对系统性原则的贯彻和体现；横向的系统化则是指参与城市家具系统建设的各个部门或集团之间通过沟通、对话、合作构成的有机运作体系。

城市家具是一个较为复杂的系统，涉及多个部门的配合和多个层面的工作，是基于提高和改善城市公共空间环境品质以满足功能和装饰等多方面需求的综合性创造。城市家具系统的建设既需要在系统环境和客观需求等方面的理论基础上对各类城市家具设施的安放、布置进行研究决策，通过具体的设计方法进行艺术化的创作；又往往受到决策者、开发者、管理者以及政治、经济、文化等多种要素直接或间接的作用，其建设、实施和管理的过程也需要各横向部门之间的协调与整合，所以是一个连续、复杂、动态的作用过程。

1. 城市家具系统化纵向的研究内容

城市家具纵向的研究内容主要包括项目运作过程中环环相扣的规划、

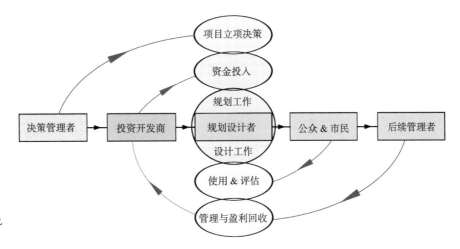

图 3.3
城市家具系统化
的内容

设计和建设、实施与管理三个环节。城市家具系统不仅涉及各类城市家具
的需求配比、各类城市家具的数量分析、各类城市家具的布局规划以及相
关城市家具的功能整合等规划层面的内容，还涉及各类城市家具的形态、
色彩、材质、尺度等设计层面的内容。城市家具系统建设项目在运作过程
中还需要系统化原则指导下的建设、实施和管理，以保障系统运作过程的
有序性和使用过程的可持续性。

在城市家具系统化的研究中，由于规划层面的内容并不容易被环境中
的人具象地感知，但却在很大程度上决定了城市家具系统的功能性是否能
够有效发挥，因此可以将规划层面的内容理解为城市家具系统的"软件"
部分；而设计层面的内容及成果则能够给使用者带来直观和具体的感受，
因此，可以将设计层面的内容理解为城市家具系统的"硬件"部分。城市
家具系统的"软件"部分，即规划层面的内容是系统内部结构优化处理的
有效保障，而城市家具系统的"硬件"部分，即设计层面的内容是系统功
能和效用的外在直观表现。"硬件"和"软件"中的各项要素共同服务于同
一城市家具系统中，形成由诸多相关要素组成的有机统一体，如图3.4所示。

通过对城市家具系统在规划和设计层面构成要素的研究及内容整合，
可以形成城市家具系统化的有效机制，进而形成城市家具系统化的对策框
架，作为城市家具系统化建设的依据和探究方向。

2. 城市家具系统化横向的研究内容

城市家具横向的研究内容主要是项目运作过程中参与建设并能够对项
目产生影响的一系列社会成员或集团，即城市家具系统的管理决策者、开
发投资方、规划设计方、公众和管理部门，如表3.1所示。

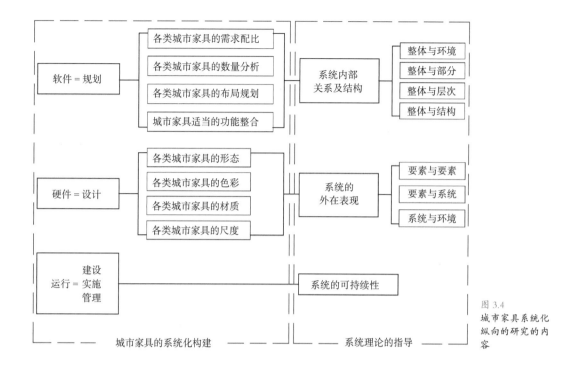

图 3.4
城市家具系统化
纵向的研究的内
容

城市家具系统建设的参与者   表 3.1

决策管理者	投资开发商	设计方	公众力量	管理方
·市政府 ·城市规划管理部门 ·市政管理部门（卫生、交通、园林绿化、电力等）	·投资者 ·财政中间人 ·市政部门（财务） ·开发商	·行业专家 ·规划师 ·设计师	·公众团体（社区管理组织、民间团体、基金会等） ·普通市民	·市政管理部门 ·开发商 ·投资者

　　管理决策者、开发投资方、规划设计方、公众和管理部门不同程度地参与城市家具系统的全部或某个环节，并从各自的利益角度出发对城市家具系统的建设活动产生影响，因此，各个环节的参与者之间的协调和有机配合也是保障城市家具系统性的重要因素。

　　依据城市家具系统建设开发活动的参与者在项目中的不同职能，决策管理方的作用是确立项目方向、吸引开发方的投资以及与设计方沟通、研究决策流程等，需要通过各种手段协调和统一各个项目参与群体的工作方向并布置工作内容，决策管理方是整个项目的总体统筹，也是整个建设项目的基础。

　　投资开发方的主要职能是投入建设资本，同时监管建设资本的花销，并参与后续的收益回收和项目管理。我国目前的城市家具建设项目尚未形成市场机制，管理成本较高且收益甚微，因此城市家具建设的投资者往往是城市市政管理部门，即决策管理方与投资开发方是相同的职能部门。

设计方在项目中的主要职能是对目标项目进行具体的规划和设计，这也是城市家具系统建设过程中的主要内容。城市家具系统规划工作的科学性和系统性直接决定了各类城市家具的功能是否能够有效发挥，以及公众在城市公共空间的各类需求是否能够得到满足。城市家具系统的设计决定了各类城市家具在材质、色彩、形态等方面是否与其所处的城市公共空间环境相协调，并提升环境品质；通过设计环节对各类城市家具尺度的控制，还能够保障其舒适度、安全性和有效性。城市家具的规划和设计环节是整个项目的重中之重，也是项目运作过程中工作量最大的环节，无论是规划还是设计都需要以系统性原则为指导和依据，以达到对城市家具系统化的有效控制。

　　公众是城市家具系统最主要的受益者和具体的使用者，更加关注城市家具是否在数量和质量上满足他们在生活、休闲和娱乐等诸多方面的需求，因此能对城市家具系统作出较为直观的评价。此外，公众在使用城市家具的同时，还应当积极投身城市家具系统的管理和监督，提升城市公共道德规范和环境意识，与管理者共同维护城市家具系统的有效运行。

　　管理方的主要职能是对城市家具系统进行后续的维护和管理，包括公众使用意见的反馈、城市家具系统日常的清洁和维护以及城市家具设施的维修和替换等工作。管理方有效、及时的管理和维护是城市家具系统顺利发挥功能作用的有力保障。

六、城市家具系统化的路径

　　系统论的优化原则可以总结为：整体功能大于部分功能相加，系统并不是相关要素的简单相加，只有协调好系统内各要素的层次、结构和关系，才能使系统功能得到最大程度的发挥。

　　系统论在解决设计类问题的指导思想和原则上，就是要从整体、全局和内部结构出发来考虑设计对象及其相关问题，从而达到项目的总体目标以及实现这一目标的过程和方式的最优化。系统化的指导思想最突出的优点是整体性、综合性和优化性。

1. 项目参与部门之间关系的系统性

　　目前在我国城市家具的建设实践中，尽管各个项目参与部门都努力地履行各自不同的职责，但是由于价值取向的差异以及彼此之间缺乏沟通和协商，往往无法达到预期的目标。同时，由于各个部门的权力和责任的分工不明确性，往往还会出现职责的空白区或职能的重复，这在一定程度上造成了我国城市家具建设过程中"事倍功半"的现象。

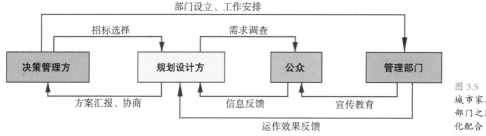

图 3.5
城市家具项目各
部门之间的系统
化配合

项目参与部门关系的系统性要求参与项目建设的各个部门或集团之间通过沟通和对话协调项目各参与部门的职能划分，并由此形成系统的项目运作体系。在城市家具系统化建设中，各个参与部门之间沟通的顺畅是系统性原则在横向运作方面的具体体现。

在城市家具系统化机制的构建过程中，研究、决策、规划、设计、评估、建设、管理等环节需要协调统一，这就必然需要各个职能部门同时调动，决策者、投资者、管理者、设计师和公众等多方积极配合，协调利益和矛盾，使参与项目建设的各个职能部门能够形成一个系统性的有机整体，如图 3.5 所示。城市家具系统横向层面各个部门的协调合作是保障项目系统性和有机性以及城市家具系统质量的关键。

（1）决策管理者

根据系统论思想，系统中的各要素并非孤立存在，每个要素在系统中都处于一定的位置，通过相互的有机配合使"整体大于部分之和"，并使系统达到优化目标。

城市家具的系统化建设是一个多个要素共存互动的过程，在这个复杂和动态的过程中，决策管理部门起到的是统筹和兼顾的职能作用，应当以项目的宏观总体目标为工作准则，对参与项目的各个部门进行有效协调，并对建设过程加以管理和监督，以确保项目顺利、合理、高效地进展，从而实现城市家具建设项目的系统性发展。

在城市家具系统的建设过程中，决策管理者的职能作用应当贯穿项目的整个过程，具体工作内容包括：前期项目目标公共空间环境区域的确立；决策阶段向社会公布整治目标并争取社会意见；寻找投资方并确定资金到位；组织规划和设计方的招标；与规划和设计方沟通和协商方案的可行性和科学性；向社会公布规划和设计方案；听取相关专家和社会相关人士的意见，并反馈给规划和设计方；在建设和实施过程中对项目进展速度和质量进行督促和监督；并安排管理部门在项目运营过程中的工作内容等方面。

（2）规划与设计方

在城市家具系统的建设过程中规划与设计方的工作量最大，也是决定城市家具系统成败的决定性要素。城市家具的规划和设计的过程要始终遵循系统思想的整体性原则、层次性原则、结构性原则，环境相关性原则。

以系统性为指导原则和最终目的，通过对目标城市公共空间环境在自然条件、环境特性、人文条件和环境内主要活动人群及其行为特征等相关方面的具体分析，确立城市家具系统中各类城市家具的内容、数量、规划布局以及各类城市家具的设计方案，以确保项目的科学性、合理性和有效性。

同时，城市家具系统的规划和设计方还应该担负起项目协调者的工作，不仅向决策管理者和开发投资方提出规划构想和设计方案，还应该对设计依据和设计思想进行宣讲和交流，以自身的专业性确保项目的可行性，这样才能够获得决策者的信任，并确保项目的顺利贯彻和实施。

不仅如此，城市家具系统的规划和设计方与公众之间还应该保持沟通和交流，具体分析不同城市公共空间环境中公众对各类城市家具的需求，以公众的需求为工作的出发点和落脚点，这样才能充分体现城市家具系统的人性化原则。在项目建成之后，规划设计方还应当根据管理部门对城市家具系统运行状态的反馈意见，针对具体问题进行相应的改善和调整，以保障系统的科学性和有效性。

（3）公众

城市家具的公共性和开放性的本质属性决定了它并不是由少数人决定的，而是源自公众的需求并服务于公众的空间设施体系。因此，城市家具的系统化需要建立公众参与机制，以确保城市家具的系统化机制更加完善。

以往城市管理者及项目的决策者往往缺乏与公众直接有效的沟通，但是随着信息社会的发展，公众参与的途径相对多元化，可以通过网络表达意见，设计者方也可以通过网络调研与城市家具系统所服务的公众进行行之有效的沟通，从而了解他们的具体功能需求以及审美取向和价值观等，并通过展览、电视、网络等多媒体方式向公众解说和宣传项目方案的科学性和可行性，提升项目的公开化和透明度。

同时，作为城市家具系统建设项目最大的受益者，公众在享受服务的同时，还应当配合管理部门对城市家具进行维持和保护，提高自身的公德意识和个人素质，减少或杜绝破坏设施行为的发生。

（4）管理部门

城市家具系统管理部门的职能有广义和狭义之分，广义的管理是穿插于整个项目运作过程中对项目各个阶段工作方向和内容的控制和管理，而狭义的管理则仅指项目建成的后续维护和管理工作。

城市家具管理的系统化，需要市政管理内在水平和质量的提高，我国目前还没有专门为城市家具设施建立的管理组织机构，城市公共环境设施所涉及的政府部门和相关组织单位繁多，由于城市家具的管理归属各不相同，职能部门各自为政，部门之间缺乏良好的协调和配合，很容易造成各

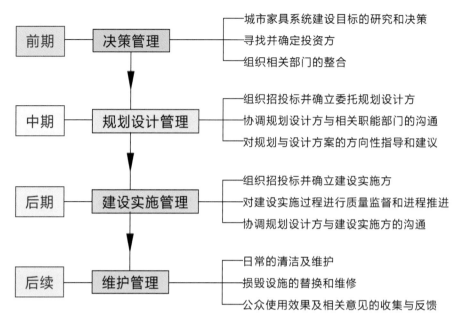

图 3.6
管理部门在项目
各个阶段的职能
内容

类城市家具缺乏系统性和关联性等管理失控的现象。

　　管理是城市家具系统性建设的有机组成部分，贯穿于整个项目的运作过程中，在保障项目系统性方面尤为重要。城市家具的建设是一个较为复杂的过程，需要参与项目的各职能部门积极参与和支持，无论是前期的决策管理、中期的规划和设计管理，还是后期的建设过程管理和维护管理，对于城市家具系统的建设都非常重要，这些层面的有效管理确保了城市家具系统化建设和发展的有效进行，如图 3.6 所示。

　　在系统性原则指导下的城市家具系统建设于项目确立之初，就应当根据项目的产生和提出建立相关的项目管理部门，对分属不同职能部门的各类城市家具进行统一的项目管理。通过对话和沟通形成各职能部门之间的有机配合，同时积极与规划设计方配合，及时反馈和协调各方的意见，并监督项目建设流程和质量，确保城市家具系统建设的有序进行。

　　随着项目建设的结束，管理部门的职能重心从协调和监督逐渐转为维护和管理，对城市家具系统的具体使用情况和运营状况进行记录，并将相关信息反馈给规划设计方，以利于设计师就具体的问题对系统进行相应的调整。同时，管理部门的工作还包括对城市家具的日常清洁和功能维护，以保障各类城市家具能够通过有效发挥其功能服务于公众。

2. 项目过程中各个环节的系统性

　　规范有效的运作程序是城市家具系统获得良好效果的有力保障。运作过程纵向的系统性要求在运作过程中先后进行的各个环节之间能够相互联系、紧密衔接，从而形成系统的整体性。

① 项目立项	② 规划布局	③ 设计构思	④ 效果预评估	⑤ 建设与实施	⑥ 管理维护
明确项目任务	各类城市家具的规划布点	确立总体设计风格和总体色调	相关专家和城市管理者的评估	生产厂家及施工单位的招标	清洁/维护，对损坏设施的维修和替换
对环境的调查及分析	整合系统，绘制总体规划布点图	方案深化设计	听取社会人士和使用者的意见	质量控制和施工过程的监管	宣传城市公共设施的公益性，倡导全民共同维护
对主要活动人群及需求的调查和分析	数量预估及说明	与项目甲方沟通方案			
		绘制施工图			

图 3.7
城市家具系统化
的流程简图

城市家具系统化的运作过程一般可以分为设计立项、规划布局、设计构思和效果预评估，以及管理维护五个阶段。这五个阶段的顺序是固定的，每个阶段都有一系列的具体工作，整个过程是动态的，渐进的。只有前一阶段的工作进行到位，才能保障后一阶段工作的顺利进行。这一过程的研究目的在于，建立一整套有关城市家具系统研究决策、规划、设计、建设、维护和管理及评价等过程的方法体系。

城市家具系统项目的总体运作有其特定的过程和内容，这一过程由上述相对独立的阶段组成，但是每个阶段之间又有连续的信息传递和反馈，阶段之间层次递进，从而对城市家具系统项目进展方向进行把握，以使之趋于合理化和系统性，如图 3.7 所示。

（1）项目立项

城市家具系统的项目立项阶段的工作主要包括以下几个方面：

①明确项目任务

在项目确立的前期，决策管理方划定将要进行城市家具系统建设的目标城市公共空间的区块，同时与开发方和规划设计方洽谈和沟通，探讨项目的预期目标和涵盖的主要内容，并初步确定项目的预算和资金投入、项目进行过程中的沟通方式以及各职能部门的责任分配等。

②对目标公共空间进行环境调查和分析

为了对城市家具所服务的城市公共空间环境有准确且具体的认识，规划和设计方要在明确项目任务之后对目标公共空间进行现场的环境调查和后续的资料分析。调查内容主要包括环境自然条件、环境结构条件、环境人文条件、环境美学风格四个方面。环境自然条件涉及气候特征、自然地形、采光等；环境结构条件涉及目标城市公共空间的总体形态、主要功能、空间结构及地段和交通分析等；环境人文条件涉及城市历史、城市性格、城

图 3.8
城市家具系统的
调研分析内容

市精神等；环境美学风格涉及空间环境的设计风格和美学定位、环境的景观元素组成及周围建筑群风格等，如图 3.8 所示。

对目标公共空间进行环境调查和分析包括实地勘察和资料分析两种方式。实地勘察的目的是了解目标环境的功能性质、设计规模、总体空间布局、尺度、总体设计风格以及构成要素等方面的具体信息；而资料分析则通过获得目标环境的总体平面图，对环境的平面布局、结构和环境尺度有较为直观的了解，此外，资料的搜集和分析还包括对环境人文方面综合信息的把握。借助系统的分析方法，通过调查所获得的信息和资料，准确地把握项目规划和设计工作的切入点，使信息资料转化成为系统化研究、规划和设计的依据和向导。

③对目标公共空间环境中的主要活动人群及其行为特征进行分析

理清目标环境影响城市家具系统的各方面要素之后，规划和设计方还需要对主要人群及其行为特征进行调查和分析，这一步骤的主要目的是总体把握人群对目标环境的功能需求。根据生理和心理特征，以及环境功能所决定的主要活动内容确立人群对各类城市家具的需求程度，作为后续城市家具系统规划布局阶段工作的可靠依据和有力支撑。

④确立项目目标

通过对目标城市公共空间的调查，以及各方面信息的汇总和分析，发现存在的问题，确立解决问题的方法和项目的总体工作方向，结合决策管理方和开发方的意见和建议，确定城市家具系统项目的建设目标，并进而细化具体的工作内容。根据目标城市公共空间的功能性质、地段、尺度、美学风格等方面的差异，项目的建设目标也会表现出鲜明的独特性。

（2）规划布局

城市家具系统规划布局阶段的主要工作是，根据前期对目标城市公共空间的环境和主要活动人群的调研以及后续的分析，确立各类城市家具在

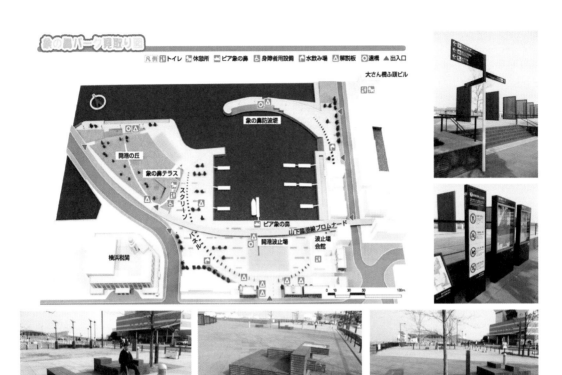

图 3.9
日本横滨象鼻公
园的城市家具规
划布点图及部分
城市家具

目标城市公共空间环境中的预估数量和布设位置。

　　首先，规划城市家具系统各类城市家具设施在目标城市公共空间环境中的布设位置，依据场地平面图纸分别绘制具体的设施布点图，并初步统计各类城市家具的数量；其次，在平面图纸上整合所有类别的城市家具设施的规划布局。根据整合后的图纸和城市家具设施的需求程度，分析是否需要合并形态；将担负辅助或次要功能的城市家具设施与担负主要功能的城市家具设施在形态上进行组合与合并，以节省空间和材料资源，继而绘制城市家具系统的总体规划布点图。

　　通过绘制城市家具系统的总体规划布点图，规划设计师能总体把握规划效果，使不同功能的城市家具设施凭借有组织的规划组成合理的空间，并有助于研究系统各要素之间的相互关系和作用，有助于城市家具系统内部要素之间整体关系的建立，如图 3.9 所示为日本横滨象鼻公园的城市家具规划布点图及部分城市家具。

　　在城市家具系统的总体规划布局中，要确保各类城市家具设施能够相辅相成，通过合理的穿插形成紧密的联系，避免各种功能的零散分布，从而使整个城市家具系统更具整体性和系统性。

　　（3）设计构思

　　确立城市家具系统在目标城市公共空间环境中的规划布局之后，就可以对各类城市家具设施进行具体设计。系统化的城市家具与城市家具单体设计有所不同，为了保障系统的整体性和协调性，各类城市家具设施的设计深化工作要同时进行并相互联系。

首先，依据目标城市公共空间环境的美学风格和周边环境特征确立城市家具系统总体的设计风格，总体风格要与环境的氛围和美感协调统一，使城市家具系统成为目标城市公共空间环境的有机组成部分，与其他景观元素协同塑造环境的性格特征。

其次，根据城市家具系统的总体风格和周围环境色彩特征确立城市家具系统的总体色调，使系统的总体色调统一于环境的总体色调中，要避免采用过于突兀的色彩而使环境的整体性遭到破坏。如图3.10 ~ 图3.13所示，东京六本木地区的户外城市家具用体量和部分高饱和度色彩吸引人的视线，在突出关键信息的同时，其整体色调能够与周围的现代主义风格建筑的色彩基调和谐共存。

之后要对各类城市家具设施进行深入设计，包括形态设计、色彩配比、材料选择、结构设计和尺度的确立等，并通过图纸将设计方案直观地表现出来。在方案设计阶段，为了避免脱离实际的设计方案，还要注意分析形态、材料、结构、工艺的可行性，以及人机工程学在尺度方面的限制和要求，确保方案的成熟度和优化度。

此外，由于城市家具系统中的城市家具设施涉及的学科和管理方较多，在设计深化阶段还要积极与结构工程师、施工工程师和材料供应商进行沟通，汇总他们的反馈，并进一步调整设计对象。例如，根据结构工程师的意见考虑城市家具设施的高度、宽度和跨度；根据电器工程师的意见考虑安装灯具或防火消防设备；根据材料供应商的建议考虑材料的选择和加工工艺等。

经过反复推敲确定设计方案之后，可以进行与项目开发方的沟通与磋商，通过平面设计图纸和视觉效果图纸的展示，向项目开发方阐述设计意图和理念，讲解设计的用心所在，并听取项目开发方的意见和建议，根据具体的情况进行合理的调整。

在设计方案全部确定之后，可以进行各类城市家具的具体施工图的绘制。设计师有义务为施工方提供尽可能详尽的施工图纸，以确保施工过程的顺畅和安全。施工图纸上必须标有比例、方位、图纸名称（如平面图、立面图、剖面图、断面图等）、范例表（包括材料名称、尺寸、使用数量等说明）等，并一定要明确标明各项尺寸，图面要做到清爽简洁、易读易懂。

（4）效果预评估

完成城市家具系统的规划和设计以后，应邀请专家和城市管理者依据

3.10   3.11

图 3.10 ~ 图 3.13
日本东京六本木
地区城市家具

3.12   3.13

规划布点、设计效果和施工图纸等直观的设计材料对实际效果进行预评估，并向社会人士及预期使用者征求意见和建议。

效果预评估对城市家具系统在目标城市公共空间中的效力发挥应有预期的判断，这样有利于设计更加完善，避免施工时产生细节问题。效果预评估在城市家具系统从规划设计到施工建设的过程中具有承上启下的作用。

（5）建设与实施

城市家具系统是为了满足城市公共空间活动人群的各种需求设置的各类服务性设施，它在城市生活中扮演着重要的角色：既服务于城市，又影响着城市的机能和形象；既服务于城市人，又影响着城市人的工作和生活质量。同时，城市家具系统是构成现代化城市的硬件组成部分，也是城市公共空间环境系统中一个重要的子系统；它的规划和设计需要系统化的方法，建设、实施和管理也需要系统论的指导。

城市家具系统的规划与设计是城市系统规划的一部分，同样，其建设的系统化也是城市系统建设的一部分，应当设立特定的规划建设部门，政府部门和规划设计师一定要有整体的思想观念，把城市家具系统的建设纳入城市建设的系统规划中，使其与整个城市的系统规划同步，成为城市整体建设中不可或缺的一部分。

不仅如此，城市家具系统作为一个系统性的整体，各种城市家具设施既相互依存又相互影响，同一城市公共空间环境内的城市家具在建设方面应当依据系统性原则设置综合的建设主导部门。目前，由于我国各个市政建设相关职能部门彼此之间缺乏沟通，易导致同一城市公共空间环境内的城市家具呈现多种面貌，彼此之间以及与环境之间缺乏关联性，更谈不上系统的整体性。但是，城市家具系统的建设并不是孤立的设计过程，而是一个综合的整体性过程，是一个有机连贯的系统组织，因此城市家具系统的建设需要统筹把握、相互配合，由一个部门统一整合管理，满足不同设施设计之间的协调统一，确保项目建设的顺利推进。

城市家具系统实施过程的系统化指项目决策主体、创作主体、生产主体和使用主体的系统性配合，以协调各部门之间的统筹关系，确保城市家具的设计、制作和安装。决策主体指项目的立项部门或投资方，主要负责项目的推进，并掌控项目的发展和质量监控；创作主体即项目的规划和设计方，创作过程中要将系统化方法贯彻始终，既要保障系统要素与要素之间的关联性，又要保证系统的整体性，还要确保系统与环境的协调性；生产主体指设计完成后对设施进行最后加工的制造方，也是城市家具系统最终艺术效果和质量的关键保证者，生产主体要选择国家规定的加工制造商，以确保成品的质量和安全性；使用主体指具体使用城市家具系统的广泛人群，城市家具系统的成功与否在很大程度上取决于能否满足活动人群的需求，因此，在项目实施过程中还要积极听取主要使用人群的意见和建议，根据具体情况进行适当的调整，使城市家具系统更具人性化和亲和力。在城市家具系统的实施过程中，上述四个环节要环环相扣、相互配合、互相促进，以系统内部配合的方式保障城市家具系统实施过程的顺畅。

（6）管理维护

系统化的城市家具建设需要在项目立项之初就建立统一的管理部门，控制项目、协调各部门和监管建设过程，将系统化的管理贯穿整个项目的建设过程。城市家具系统投入使用后，系统的运行、管理和维护就成了城市家具系统化建设的重要环节，在这个阶段，管理部门的职责和工作内容也相应发生变化。

城市家具系统与人们的公共生活息息相关，由于具有公共性和开放性，它较易被损毁，而破坏城市家具系统直接影响到人们使用的便利与安全，因此城市家具还需要定期的维护和管理。

城市家具系统的管理维护也是一个系统化的过程，要求各管理职能部门分工明确，责任到位，统一制定系统化的管理政策，避免出现责权不清的问题；各部门之间还要加强合作，统一管理，以提高城市的管理效率和水平。

城市家具系统的管理环节不仅包括各类城市家具的日常清洁、对损毁的城市家具设施的修复和更换等日常维护方面的工作，还包括收集城市家具系统投入使用之后的具体效果和评价信息，并及时将相关意见向规划设计方反馈，便于规划设计对具体问题进行相应的调整和改善。

与此同时，除了维修、维护等"亡羊补牢"的工作以外，还应当加强城市家具系统化管理的宣传教育力度，从公民的环境意识着手，宣传维护环境和城市家具设施的相关理念，提高全体市民的公德意识和个人素质，避免公共设施遭到人为破坏，以"防患于未然"的管理方式减少或杜绝不文明行为的发生。

城市家具系统的建设与城市人的日常生活密切相关，因此全社会都要参与到设施的维护工作中来，应大力宣传城市公共设施的公益性、全民性，宣传设施建设的意义、目标和任务，进一步提高市民对公共设施维护与管理的关注和参与程度。

第四章　城市家具的系统性规划

规划，意即比较全面的长远发展计划，是对未来整体性、长期性、基本性问题进行思考并设计未来整套行动方案。规划与计划基本相似，不同之处在于：规划具有长远性、全局性、战略性、方向性、概括性和鼓动性。

城市规划是人类为了在城市的发展中维持公共生活的空间秩序而进行的未来空间安排。城市规划的本质任务是合理、有效和公正地创造有序的城市生活空间环境。❶

系统方法认为，任何系统都是若干子系统或要素为了一定的目标构成的有机整体。系统内部具有相对稳定的层次和结构，即任何一个系统都是一个由下层要素构成的相对独立的系统，同时又是更高一级系统的构成要素。城市是一个极其复杂的事物，是一个典型的巨系统，城市公共空间则属于城市巨系统的子系统范畴，而城市家具系统则又是城市公共空间中的一个子系统。从研究内容上来说，城市家具系统属于城市设计中的"城市细部空间设计"范畴。

城市家具的系统性规划不同于一般城市家具设施单体的设计或普通的城市家具设置，它是在系统论的指导下，以所处的城市公共空间系统的空间结构形态、环境功能、活动人群的行为特征等方面的分析为依据，安排和筹划区域城市公共空间城市家具设施的布局和规划。

对于城市公共空间环境来说，由不同功能的城市家具设施在系统论指导下组成的有机整体能够帮助场所实现其所需要的整体功能的最佳效果。此外，城市家具系统的规划能降低建设成本，减少空间资源和物质资源的浪费，发挥最佳的综合效益，同时还能增强美感，塑造城市的完美形象。

城市家具系统是一个多目标、多层次、多功能的动态系统，因此规划和设计都应该将其置身于所处的整体背景中，提前掌握整体和其他先天要素之间的关系，作为城市家具系统规划过程中认识问题和解决问题的重要依据。一般来说，城市家具系统的规划主要受环境功能性质、环境布局结构、

---

❶ 李德华 . 城市规划原理（第三版）[M]. 北京：中国建筑工业出版社，2001.

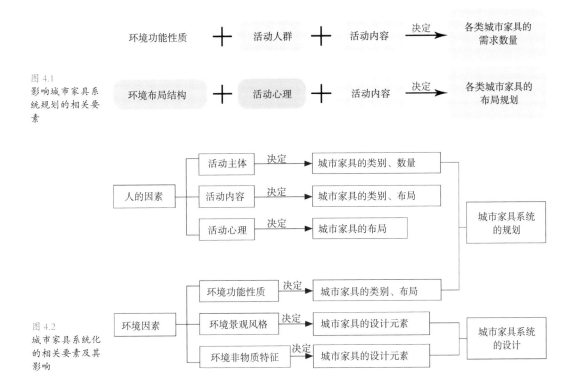

图 4.1
影响城市家具系统规划的相关要素

图 4.2
城市家具系统化的相关要素及其影响

活动人群、活动内容和活动心理等要素的影响。公共空间环境的功能性质与活动人群和活动内容三类要素能够决定各类城市家具的需求数量；而环境布局结构、活动心理和活动内容三类要素能够决定各类城市家具在区域城市公共空间环境中的布局规划，如图 4.1 所示。

一、城市家具系统化规划的相关要素

城市家具系统是服务于城市公共空间的要素系统，它不是孤立于环境背景独立存在的，也不仅仅指某个设施的造型单体，而是始终处于"人—机—环境"三者所形成的系统整体之中。因此，城市家具的系统化需要依据城市公共空间中的活动主体即主要活动人群、活动人群的主要活动内容和公共空间环境的功能分类等方面的分析，确定城市家具系统中的功能要素、形态要素和环境要素的具体内容，以达到城市家具系统内部各类城市家具设施功能的有效性、系统内部结构的整体性以及系统与环境在功能方面的和谐性三方面的统一，如图 4.2 所示。

1. 活动主体

人是各类活动的主体，是公共空间的组成要素之一，也是城市家具的使用者和体验者。由于公共性和开放性的特征，城市公共空间的内部活动主体包括不同年龄、不同阶层、不同职业、不同文化背景或不同生理特征的人，他们都需要公平地使用公共空间和其中的城市家具设施。不同的人群对于公共空间环境和城市家具的功能具有不同的侧重点，如表4.1所示，因此，考察区域城市公共空间环境中的活动主体（即主要活动人群的分类）对于确立各类城市家具的需求以及设计侧重点具有很重要的参考意义。

不同人群对城市家具设施的需求侧重　　　表 4.1

不同的人群	需求特征的侧重
老年人	可识别性、组合性、易操作性、通用性、安全性
残疾人	通用性、无障碍性、安全性
年轻人	时尚性、随意性、文化性、创意性
儿童	趣味性、多样性、可变性

2. 活动内容

根据扬·盖尔在《交往与空间》一书中对于建筑室外空间生活的考察，城市公共空间中人群的活动主要分为必要性活动、自发性活动和社会性活动（亦称"连锁性"活动）三种类型，每一种活动类型对于物质空间环境的要求也大不相同，如图4.3所示。

必要性活动是人们在不同程度上都要参与的因为生存而必需的活动类型，一般是指人们的日常工作和生活事务，参与者没有太多选择的余地，因此必要活动的发生很少或基本上不会受到环境品质的影响，相对来说与外部空间的关系不大。

自发性活动是指人们根据主观意愿进行自由选择的活动类型，如散步、晨练、郊游等，这类活动类型往往需要有主观的活动意愿，在活动内容方面也具有选择的偶然性和随机性，并且要在适宜的环境条件下才会发生，这种关系对于公共空间环境而言是非常重要的，因为大部分的室外休闲、休憩及娱乐活动属于这一种类范畴。创造良好的物质空间环境能够促进自发性活动的发生，从而提高环境的利用率。

社会性活动是指需要依赖于他人参与的各项活动，如游戏、交谈、集会等各类公共活动。这类活动往往是由必要性活动和社会性活动发展而来的，因此当城市公共空间环境各方面的品质高且能给人适宜的环境体验时，自发性活动频率增加，社会性活动频率也会稳定增长。

城市家具系统的系统化规划和设计需要根据区域公共空间环境中人群的主要活动内容来确立各类城市家具的需求数量及布局，尽管物质环境条件对必要性活动的影响力较弱，但是如果各类城市家具的功能配置和布局合理有效，且在视觉上具有美感和吸引力，必要性活动的时间也会相应有

图 4.3
城市公共空间中
常见的三种活动
类型图例

| 必要性活动 | 自发性活动 | 社会性活动 |

图 4.4
户外空间环境质
量与户外活动发
生的相关模式❶

	物质环境的质量	
	差	好
必要性活动	●	●
自发性活动	·	⬤
"连锁性"活动（社会性活动）	·	●

所延长，更重要的是，各种丰富功能的城市家具能够满足人们休憩、驻足、玩耍、观赏等各方面的需求，因此可以促发大量的自发性活动，并且间接地促成各种社会性活动的发生，如图 4.4 所示。

另一方面，人在空间常处于运动的状态，在公共空间中移动的人流具有不同的流动特性。根据流动的目的性可分为四种类型（表 4.2）：

人的流动类型分类 ❷   表 4.2

人流的内容	图像	行为	平均步行速度（米/分）
F1：具有行为目的的两点间的位置移动		避难、通勤、上学	80 ~ 150
		购物、游园、观赏	40 ~ 80
F2：伴随其他行为目的的随意移动		散步、郊游	50 ~ 70
F3：移动过程即行为目的			
F4：暂时停滞的人流		等候、休息	0

❶ 盖尔 J. 交往与空间 [M]. 何人可，译. 北京：中国建筑工业出版社，1992.

❷ 马铁丁. 环境心理学与心理环境学 [M]. 北京：国防工业出版社，1996.

目的性较强的人流大多处于交通性及生活性的街道中,这种人流的活动内容往往都是必要性活动;而在城市广场、城市绿地、公园等以休闲休憩功能为主的公共空间环境中,则较多出现的是随意状态的人流,这种人流的活动内容大多是自发性活动;移动本身就是目的的人流不仅存在于城市广场、城市绿地、公园等休闲环境中,在步行街及城市商业空间中的人流也大多属于此类模式;而处于暂时停滞状态的人流则可能出现在各类城市公共空间环境中,以城市广场、城市绿地、公园等休闲环境居多,而且停滞状态的人群数量和停滞时间会依据公共空间环境的功能及城市家具设施布置的差异而有不同的具体表现。

了解公共空间环境中人们的流动模式,对于城市家具系统的规划设计具有重要的指导意义。在主要的交通路线或便捷的直线型道路中,要少布置产生滞留行为的城市家具设施;而在散步道、曲折蜿蜒的园路或景观节点等能够提供观赏和休闲功能的区域,则需要较多的休憩类和卫生类等城市家具设施。如图 4.5 所示,东京表参道街道上的座椅与绿化护栏的功能进行了整合,采用简洁的两根金属管状结构提供最基础的"坐"的功能,既具有相应的功能性,又能够防止和减少人群在并不宽敞的街道上过度地滞留。而如图 4.6 所示,东京丸之内某街心公园内的休憩类城市家具则不仅在功能上提供舒适性,还有机地与周围景观环境相融合,既提供休憩功能,又具备观赏功能。

图 4.5
东京表参道的座椅设计(左)

图 4.6
东京丸之内某街心公园内的座椅设计(右)

3. 活动心理

城市家具系统是为人的活动而存在的,因此人的心理感受也会影响城市家具设施的设置和设计。城市家具系统研究人的活动心理,在很大程度上是依据环境心理学的方法对环境与人的行为之间的相互关系进行探讨,着重从心理学和人类行为的角度探讨人与环境的最优化状态,即什么样的环境是最符合人们需求的。对人的活动心理的研究旨在从人的心理特征出发，实现人与环境之间的"以人为本"，这对于创造良好的公共空间环境并优化城市家具设施的布置和配置具有重要的参考意义。

（1）人际距离

人际距离是社会距离的一种，是指人与人之间面对面直接交往接触时所保持的相互之间的客观距离，这种距离可以进行客观的观察和测量。人际距离是人们社会交往活动时相对舒适的尺度范围参考，因此对于城市家具设施的布置和尺度的控制有较重要的参考价值。

美国著名人类学家赫尔（Hall E.T.）在《隐匿的尺度》一书中，将交往中的领域距离根据人际关系的亲密程度和行为特征划分为四种类型，即亲密距离、个人距离、社交距离和公众距离。一般来说，人际距离越短，人之间的感情交流越强，如表 4.3 所示。

亲密距离，范围在 0 ~ 45 厘米，是一种表达温柔、舒适、爱抚或激愤等强烈感情的距离，往往都是与最亲近的人相处的距离。亲密距离在人际交往中最为重要，也是最为敏感的距离，通常为父母与子女之间、情人或恋人之间或亲密好友之间。当有陌生人进入这个领域时，人的心理上会产生强烈的排斥感。

个人距离，范围在 45 ~ 130 厘米，人们可以在这个范围之内亲切交流，但同时又保留个人空间。一般朋友或家庭成员之间的交谈往往会是个人距离的尺度。

社交距离，一般在 130 ~ 375 厘米，用于具有公开关系而不是私人关系的个体之间，例如熟人、同事等之间进行日常交流的距离。其中100 ~ 200 厘米通常是人们在社会交往中处理私人事务的距离。

公共距离，是指大于 375 厘米以上的距离，这是一种适合单向交流的距离，适用于公众集会、讲演、讲课等活动，或者是人们只希望旁观而无意参与其中的场所或活动。而当距离大于 700 厘米以上时，人们就无法以正常的音量进行语言交流了。

人际距离与人的活动行为　　　　　　　　　　表 4.3

人际距离类型	距离划分 / 厘米		人的行为特征
亲密距离	近距离	0 ~ 15	关系亲密；表达情感；对嗅觉、热度等均有感受
	远距离	15 ~ 45	可与对方接触，如握手、拍肩等
个人距离	近距离	45 ~ 75	具有较为亲密的私人关系，可以亲切交流
	远距离	75 ~ 130	可以清楚地看到对方的表情，但很少肢体接触
社会距离	近距离	130 ~ 210	社会公共关系交往
	远距离	210 ~ 375	交往不密切，场合较正式

人际距离类型	距离划分/厘米		人的行为特征
公共距离	近距离	375 ~ 700	需要足够的音量进行交谈
	远距离	>700	需要通过扩音设备或手势的辅助才能交谈

根据人际距离的分析可以看出，人在公共场所中的交流行为与距离有较为直接的关系，人与人之间的和谐相处也是建立在恰当的交往距离之上，它是保障人们在场所中的领域感和安全感的重要参考，也为城市家具的空间布局提供了尺度方面的依据。

合理的人际尺度关系能够满足人们的心理需求，也是实现城市家具功能性的关键因素，因此，城市家具设置的规划设置和体量尺度要充分考虑人群的活动内容，并确立适当的人际距离的选择，区分公共性距离的活动和私密性活动的距离，避免因不恰当的密度和位置设置造成的交往冲突，创造合理、和谐的公共空间。

（2）其他环境心理与行为共性

尽管人在公共空间中的心理和行为有着个体间的差异，但是在一些方面人又具有共性，具有以相同或类似的方式作出反应的特点，这些共性特征也是城市家具系统规划和设计需要考虑的内容。

依托的安全感——对于在城市公共空间活动的人来说，周围空间环境并非越空旷、越开阔越好，而是希望能够在周围有可以"依托"、"依靠"或"支持"的物体，以缓解"孤立无援"的心理感受并获得安全感，这是人在公共空间中基于自身安全方面的本能选择。例如，在广场空间内，我们常发现人们总是习惯地选择建筑凹处、转角、入口，或者靠近柱子、树木、街灯之类可依靠的地方驻足或者休息，形成了小尺度范围内人流频繁的休息场所，人们偏爱此类场所，是因为它们既提供一定的防护功能，又有良好的视野，在保证正常观赏和交谈等社会活动的同时，能满足人的安全性心理需求。

边缘趋向——对在公共空间中活动的人进行观察不难发现，相对于中间或焦点位置，人们更倾向于选择场地边缘的位置。

从众心理——指个人受到外界人群行为的影响，而在自我知觉、判断、认识上表现出符合公众舆论的行为方式。学者阿希曾进行过从众心理实验，结果在测试人群中仅有 1/4 ~ 1/3 的被测试者没有发生过从众行为，保持了独立性，可见它是一种常见的心理现象。

趋光心理——简单地说，就是生物对光刺激的趋向性。趋光心理是人基于安全、方便等方面的考虑，从暗处向明处行进的行为趋向的心理，这也是人对外界环境的生理本能选择之一。

4. 活动场所与行为特征

活动场所即人的活动发生地点，对于城市家具系统来说，是指具体的各类城市公共空间。城市公共空间为人的室外社会活动提供了空间资源，人又在其中创造了各种活动，各种活动强化了城市公共空间的功能和作用，而适宜的城市公共空间又能够有效地吸引人在其中活动。

各种类型公共空间中的活动人群、活动内容及场所功能都各不相同，因此城市家具系统的系统化要考量其所处环境的特征，以期能够给人舒适的生理感受和愉悦的心理体验，创造人性化的城市公共空间。

（1）城市广场

城市广场是指为满足城市生活需要而建设、由多重景观要素及公共设施构成、具有一定的主题思想和规模的半围合或开放的节点型城市户外公共活动空间。城市广场是城市设计中最重要的因素，是装饰城市空间并提高城市活力的主要方法，也是人们相会及社交的重要场所。

根据环境特征和功能属性，城市广场中人的活动大致分为个体行为和社会行为两种类型。个体行为是指人根据个体需求或意愿进行的各种行为活动，如休憩、散步、玩耍、交谈等；社会行为是指人需要在一定的社会约束下进行的行为活动，如集会活动、庆典活动、纪念活动等。如图4.7左、右所示分别为个体行为和社会行为：个体行为较为多样化并具有一定的随意性，而社会行为往往约束人们的活动内容，使之较为统一并具有一定的秩序性。如图4.8 ~ 图4.10所示，欧洲某城市广场的城市家具既能够满足个体行为的功能需求，又能够满足社会行为的功能需求。

（2）城市公园、绿地

城市作为巨大的物质载体，为人们提供了生存环境，并在精神上长期影响着生活在其中的每一个人。城市的环境与每个人休戚相关，近几十年来，随着对自身生存环境的要求越来越高，城市公园、绿地及滨水景观区等休闲景观设施在各地进行了大规模的建设，极大地提高了人们的生活质量。

由于日益增大的生活和工作压力，人们迫切需要舒适宜人的环境，公园、绿地是城市中最具自然特征的公共空间环境，具有良好的生态功能，也是城市居民亲近自然的最主要的休闲游憩场所，为市民提供了各种户外互动的可能性，并满足了人们一定程度的社会交流活动。现代人对城市公园、绿地及滨水景观区的需求已不仅仅满足于追求视觉的美感，而是包含了生态、休闲、娱乐、文化等多方面。

城市公园、绿地等休闲景观公共场所中人群的主要活动类型包括休闲游憩、团体交流和公众参与等。休闲游憩类活动是发生率最高的活动方式，其特点是介于目的性与非目的性之间，人的活动往往表现出亲和性和随意性，例如散步、戏水、垂钓、观赏、健身、写生等。团体交流类活动是指小范围的人群有组织或自发地聚集在一起进行的交流类活动，这类活动往往需要相对独立或私密的公共空间，并在需要的时候与外界人群保持联系。公众参与类活动是指有广泛人群参与的活动类型，这类活动在空间分布上具有集中性，在时间上具有时段性和瞬间性，例如民俗节庆、花车游行、社交聚会等。图4.11分别为巴塞罗那、阿姆斯特丹和东京的城市公园和绿地中较为常见的活动类型。

个体行为

社会行为

图 4.7
广场中的活动类型示意

4.8

4.9

4.10

图 4.8～图 4.10
维也纳现代艺术博物馆前城市广场的城市家具

巴塞罗那古尔公园

阿姆斯特丹街心绿地

东京奥林匹克公园

图 4.11
城市公园、绿地
中的活动类型示
意

（3）城市街道

城市街道包括交通性街道、生活性街道和步行街几种类型，其中步行街与交通性街道、生活性街道在交通方式、功能和结构等方面有很大区别。生活性街道是城市中最多的一种街道类型，与人们的生活息息相关。城市生活性街道是城市生活和社会活动的重要发生场所，人们在其中逗留、偶遇、交谈、玩耍、结识、观望等，它反映的是城市最真实的一面，具有城市特色的代表性，如表 4.4 所示。

城市生活性街道与城市交通性街道的区别　　　　表 4.4

类型	城市生活性街道	城市交通性街道
区位	城市区域内部的交通网络	联系城市各个区域之间的交通网络
功能	交通功能和生活功能兼具，在满足交通功能的同时还能满足居民部分生活功能	以交通功能为主
交通性能	以解决城市各区内交通为主	解决城市区间交通或联系城市对外交通
交通工具	交通工具相对多样化，有汽车（机动车）、自行车、助力车、步行者等	以机动车为主
活动人群	上述的交通工具驾乘者、街道上的行人、街道周边居住和工作的人等	机动车驾乘者
活动内容	必要性活动、自发性活动、社会性活动兼具	以必要性活动为主，自发性活动为辅，社会性活动极少

生活性街道中的主要活动类型包括穿越性活动、休闲游逛性活动和观赏性活动，如图 4.12 所示。

穿越性活动是街道最常见的一种活动类型，是相对简单的活动，人们仅仅是为了到达目的地而穿过街道，穿越性活动大都属于必要性活动类型，这类活动的特点是人们不太关心被穿越的空间特征，受环境质量的影响较小。

休闲游逛性活动是指有意识地放松身心的一些户外活动，它没有特别的目的性，因而可能产生各种各样的活动意向，例如散步、观看、驻足交谈、休息、等候、饮食、排队等。休闲游逛类活动主要是自发性活动和部

东京表参道
穿越性活动

东京表参道
休闲游逛性活动

巴塞罗那街头
休闲游逛性活动

巴塞罗那伦布朗大街
观赏性活动

图 4.12
城市生活性街道
中的活动类型示
意

分社会性活动，这类活动受空间环境质量的影响较大，如果公共环境空间的布局和设置极富吸引力且易于接近，就会促发自发性活动的发生，并相应地提高社会性活动的发生概率，鼓励人们从私密走向公共环境，提高户外生活的质量和公共空间环境的活力。

观赏性活动是指那些专门以空间物体或空间本身作为观察对象的活动，这种活动也属于自发性活动的一种，大多发生在具有城市特色的生活性街道中。观赏性活动对空间环境的质量要求最高，往往在公共空间环境具备个性的特征、独特的文化气息以及美观舒适的视觉和心理感受等的条件下才会发生。

（4）步行街

步行街是城市公共空间中专供人徒步行进而不受汽车干扰的街道类型，一般来说其两侧都会设立诸多的商店、购物中心、各类城市家具设施及绿化带，是现代城市人进行购物休闲活动的重要场所。步行街是城市街道的一种特殊形式，主要功能是聚集或疏散周边商店和购物中心内的人流，并为其提供适宜的休息和娱乐空间，创造安全、舒适便捷的购物环境。

在步行街活动的大多数人具有一定的目的性，据调查显示，约 60% 的人前往步行街活动的目的是购物，其次是观光旅游、日常休闲等。主要的活动类型有购物、休息、饮食、观赏、娱乐和交往等，上述活动往往不会单独发生，而是伴随着几种行为同时进行，如图 4.13 所示。其中休息、饮食、观赏、娱乐和交往等具有非目的性特征的活动受空间环境质量的影响较大，只有在空间格局和城市家具设施提供了与活动相应的环境条件时，上述活动才会大量发生。

（5）商业区公共空间

城市商业区是各种商业活动最集中的地方，其公共空间也是城市居民和外来人口进行经济、文化娱乐和社会生活活动最频繁的区域，最能反映城市活力、城市文化、城市建筑风貌和城市特色。

人们在商业区公共空间的活动大都具有较强的目的性，包括购物、休闲、

南京路步行街中人的行为

图 4.13
步行街中的活动
类型示意

慕尼黑某商业步行街中人的行为　　　　巴塞罗那某步行街中人的行为

餐饮、观赏、娱乐和交往等，因此城市商业区需要提供轻松、愉悦的环境设施，满足人们的各类需要，并促进消费行为的发生。图 4.14 所示分别为人们在日本横滨某商业区和德国柏林索尼中心公共空间的活动类型示意。

（6）居住区公共空间

居住区是由城市道路或自然支线（如河道）划分，并不被交通干道所穿越的完整居住地段。居住区内一般会设置整套的可满足居民日常生活需要的基础服务设施和管理机构。

居住区与人们的日常生活休戚相关、密不可分，可以说它是城市居民逗留时间最长及各种活动发生最频繁的区域。在居住区公共空间环境中必要性、自发性和社会性三种活动类型都会发生，尤其以自发性活动和社会性活动居多，如图 4.15 所示。居住区公共空间中的自发性活动往往是休闲娱乐类的活动类型，例如散步、静坐、锻炼、观望等；而社交性活动往往是"连锁性"活动，在大多数情况下，它们都是由其他活动发展起来的，例如问候、交谈、游戏、下棋等具备交流性特征的活动。此外，居住区公共空间的活动人群相对固定，因此在这类公共空间中社会性活动的发生概率相对其他公共空间要高很多。自发性活动和社会性活动都

图 4.14
商业区公共空间
中的活动类型示
意

日本横滨某购物中心公共空间   德国柏林索尼中心公共空间

图 4.15
居住区公共空间
中的活动类型示
意

阿姆斯特丹某居住区公共空间中人的   巴塞罗那某居住区公共空间中人的活动
活动

在较大程度上受环境品质的影响，因此在居住区公共空间中应该设置足够的场地和城市家具设施，为居民的各类活动提供环境支持，提升居住区的活力和生气。图 4.16 ～图 4.23 为瑞士某住宅区内能够满足多种行为需求的城市家具设施。

二、城市家具系统性规划与布局的目标与原则

1. 城市家具系统性规划布局的目标

城市家具系统规划中总体布局的目标，是指导性地确定各类城市家具设施在区域公共空间环境中的层次和权重，并进一步根据环境特征规划各类城市家具设施在区域公共空间环境中的配置和组合方式，以期使城市家具系统功能性得到全面、有效的发挥，为其所处的城市公共空间环境的空间环境营造提供支持。

具体的目标包括以下几点：

（1）城市家具系统规划的布局要兼顾不同城市家具类型的设施布局，根据需要进行功能整合，以节省空间资源；

（2）城市家具系统规划的布局要符合活动人群在公共空间环境中的行为特征，根据具体需要布设不同功能类型的城市家具；

图 4.16 ~ 图 4.23
瑞士某住宅区的
城市家具设施

　　（3）城市家具系统规划的布局需要与城市公共空间的功能结构和空间
构成相吻合，形成与环境紧密结合的系统结构和空间序列；

　　（4）城市家具系统规划的布局要基于其所处城市公共空间环境的空间
资源和景观系统，成为构成公共空间艺术环境景观系统的有机组成部分。

2. 城市家具系统性布局的原则

　　从城市家具规划系统论的角度出发，城市家具系统在其所处的空间中
的总体布局要遵循以下几个原则：

（1）系统性原则

城市家具系统规划的布局需要与其所服务的城市公共空间环境的功能特性以及主要活动人群的行为特征和需求符合，通过对上述背景条件的分析，提出各种类型城市家具的系统化、秩序化的总体规划布局。

（2）有效性原则

各类城市家具设施的布设应安置在潜在使用者易于接近并能看到的位置，并明确地传达该设施可以被使用和亲近的信息。如果城市家具设施无法被人识别或发现，或是放置在无法接近的区域，那么它的功能性就无法体现，更无法保障功能的有效性。此外，还要尽量满足最有可能使用该设施的活动人群的需求，以保障城市家具系统的整体有效性。

（3）环境协调性原则

城市家具系统规划的布局需要符合其所处的公共空间环境的空间构成特征，与环境所界定和划分的人群动线相协调，根据空间构成和空间区域划分布设相应功能的城市家具设施，避免在人流较快的地区设置较多的休憩设施，或者在环境景观节点缺乏休憩设施，以辅助维持公共空间环境内人群的整体活动秩序。

（4）安全性原则

城市家具系统规划的布局还要遵循安全性的原则，要保障公众使用城市家具时心理和生理的安全健康不会受到伤害，充分考虑设置位置的日照、遮阴、风力等环境因素，帮助环境缓解有安全隐患的空间结构，为在环境中活动的人群提高保障感和安全感，创造舒适宜人的活动空间。

三、城市家具系统规划的流程

1. 项目资料调研

城市家具系统是城市空间系统中的一个子系统，也是城市风貌展现的有利途径，城市家具的规划和布局要服从城市的总体规划、控制性规划和修建性详细规划等规则框架体系。因此，在规划设计城市家具系统前，需要对项目城市空间规划体系中的相关文件、规定有较为全面的了解，例如：城市总体规划、城市色彩规划、城市广告规划等。对于景区、景点等公共空间城市家具系统的规划，还需要了解并遵从城市特色风貌区规划、历史文化名城规划等专项规划文件的规定和要求。

同时，城市家具系统规划必须以城市、空间的属性和特征为依据，因此在项目规划前期，对项目城市的空间历史脉络、文化内涵、环境现状、主要活动人群构成的资料调研和分析非常必要。

2. 项目空间各类城市家具的数量预估

对城市家具系统所处的城市公共空间环境类型、场地具体空间结构情况以及活动人群行为特征进行调研，并以其行为需求为主要依据，初步确定各类城市家具设施的需求量比例情况；随后结合项目空间的尺度、地形、空间、路线等具体情况以及人机工程学、光环境、电力能源等安全性相关原则，确定区域公共空间环境内各类城市家具的数量预估。

接下来要对环境的各个分区中的各类城市家具设施进行明确的布点规划，并绘制各类城市家具设施的区域分布情况图，以保证城市家具系统的整体性、科学性、安全性和合理性。

3. 项目空间各类城市家具的布局规划

由于各类城市公共空间的空间结构及要素构成各不相同，因此在具体的城市家具系统规划布局阶段，还需要有针对性地对具体的目标环境进行系统分析。根据空间结构的形态和特点以及区域环境内的人流量确定各类城市家具设施的布置密度，明确各类城市家具设施的数量需求，并规划布点。

对同类城市家具设施的布点位置要疏密合理，既不能间距太大，也不能过于拥挤。如果间距太大，会缺乏连贯性，无法满足活动人群的功能需求，影响系统整体功能的发挥；而如果间距过于紧密，又会造成视觉上的干扰，导致空间环境的混乱和使用人群的困惑。区域范围内不同种类的城市家具设施在设置方面也要注意彼此功能之间的相互联系，在间隔距离和布局组合上相互联系和渗透，构成完整的、有层次的城市家具系统。

城市家具系统规划中对于各类城市家具的密度和数量的预估分析要建立在实际场地考察调研的基础上，充分考虑区域环境的差异性和特殊性，根据环境的具体特征和需求进行适当调整。例如，在景观节点设置足量的休憩类城市家具，以提高人们的逗留行为，或在环境较为隐蔽和独立的区域设置照明类设施，提高环境安全性等。对于相对使用时间较长的休憩类和游乐类城市家具设施，要充分考虑设置的朝向和距离，使之既能促进交流活动，又能保持相对的私密性距离。

在这个阶段，还需要梳理每个规划节点的城市家具设施功能，对于多项功能需求的空间和位置，提出复合功能城市家具设施的功能配比建议和设计参考。尽管城市家具系统的规划要对各类城市家具设施分类进行数量的预估、密度的分析和布点的规划，但也不能忽视城市家具系统的整体性原则。在确定各类城市家具设施的数量和密度后，还要整合各类城市家具设施的布点规划，需求量较小的城市家具以辅助功能与需求量大的城市家具类型在形态和造型方式上进行整合，避免物质资源和空间资源的浪费，并使各类城市家具设施相辅相成、合理穿插，形成紧密的联系，避免各种功能的零散分布以及区域空间功能方面的混淆。

四、城市家具与空间要素分析

各种城市家具是城市空间的独特要素，必须因地制宜地对其在空间所处的位置、尺度和密度事先做好调查研究，而后提出设计和安置方案。

城市家具既要确保安全性，又要根据所设置的空间特点思考其与空间尺度的大小关系，在保证功能的前提下兼顾环境整体的美观度。因此，需要梳理清楚城市空间相关要素的尺度关系。

1. 道路与建筑物的尺度关系

由于道路与建筑的尺度关系在不同地点是不一样的，其产生的景观也不一样，因此设置城市家具必须从整体的尺度关系考虑。

道路的宽窄、两旁建筑物的高低、建筑物和街区的功能都与整个景观有着密切的关系。

观望视点位置和视线方向不同，街道景观的构图亦产生相应的变化，典型的有四种类型（表4.5）。

视点位置、视点方向与道路景观的构图 ❶							表 4.5	
编号		1		2		3		4
视点位置	视线方向	道路中央部	道路轴方向	道路端部	道路轴方向	道路端部	斜方向	道路端部	横断方向
构图									
街路景观的构图特征		典型的展望性构图。由沿街排列的建筑及树木等垂直面的全体所构成，决定了景观的样式。吸引视线的集中部分对象，如城市家具、雕塑、屋外广告物、招牌等，给人强烈的印象，并决定了该地段的形象		不对称的构图，在近处道路尽头视点附近的细部及近景，沿视线周围的城市家具、招牌等要素，即使很小，也引人注目。对面的沿街作为稍远的距离，为中景，城市家具、广告物、招牌、橱窗等是重要的视觉焦点		可眺望道路对面排列的建筑，是典型的穿越街道空间的视点。从近景到中景，复数并列的建筑物包括街区内的全体都能收入视野中		眺望道路对面，复数的建筑收入眼中，视点集中注视焦点附近特定的物体，如商店的招牌、广告橱窗、公交站亭等城市家具，能够清楚地注视建筑物正面和最前面部分的近景及细部	

❶ 鳴海邦硕，田端修，榊原和彦．都市デザインの手法 [M]．東京：株式会社学芸出版社，1994.

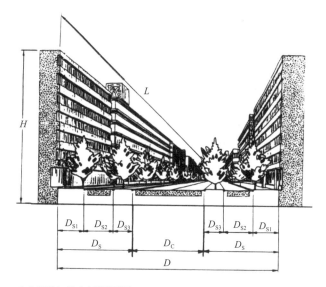

D_S/D_C 以及 D_S/D 为人行道与机动车道宽度比。

D/H 为街道宽度与建筑物高度比。

D/L 为街道宽度与街道长距离比。

● 大阪市的御堂筋：$D_S/D \approx 1/3.5$，$D/H \approx 1.4$，$D/L=1/95$，$L=4200m$，$D=44m$，$D_{S1}=5.5m$，$D_{S2}=5.5m$，$D_{S3}=4m$，$D_C=14m$。

● 静安南京路标准道路：$D_S/D \approx 1/4.1$，$D/H \approx 0.69$，$D/L \approx 1/150$，$L \approx 3200m$，

（此为阶段性数据，根据城市建设的整改而变化）$D=21.3m$，$D_C=11m$，$D_S=5.15m$。

图 4.24
道路的比率 ❶

　空间的基本构成由如下要素所制约：

（1）平面线形：a）直线道路；b）曲线道路；c）屈折道路，由此形成各具特色的景观。

（2）纵断线形：丘陵地区的坡道使城市的景观更富变化，给人留下深刻印象，上坡、下坡道路的侧面各具特征。

（3）比率均衡：如图 4.24 所示，道路的宽幅 D 与路旁建筑物的高度 H 的比率 D/H，以及 D 与道路的长度 L 的比率 D/L，作为显示街道空间形态的比率，相当重要。

（4）尺度比例：由尺寸与形态（比率均衡）规定街道的尺度比例感。并规定作为城市景观的街道外观格式，以及城市家具的尺度、位置格式（表 4.6）。

（5）侧面的形状：建筑物的墙面，围墙、挡土墙、突出的室外广告物等侧部形态，决定了街道的基本平面形状以及高空轮廓线，并影响景观的统一、秩序和地方性（图 4.25）。

（6）街道的交叉状态：交叉点，即岔道，是一个具有特定性格的"场所"，根据路标及平面形状等产生具有特征的景观，"交叉点可说是城市的缩影"。

❶ 鸣海邦硕，田端修，榊原和彦 . 都市デザインの手法 [M]. 東京 : 株式会社学芸出版社，1994.

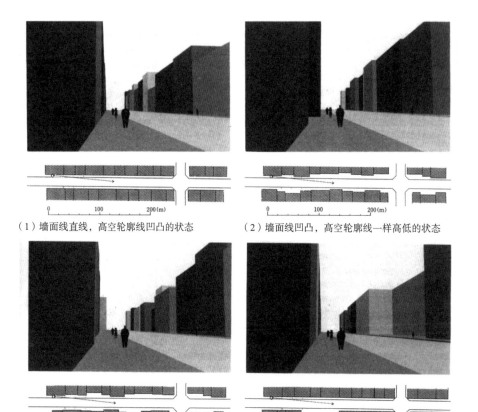

（1）墙面线直线，高空轮廓线凹凸的状态　　（2）墙面线凹凸，高空轮廓线一样高低的状态

（3）墙面线，高空轮廓线都凹凸的状态　　（4）以墙面后退调整空间的状态（高空轮廓线一样高低）

图 4.25
街路形状与街路
景观 ❶

街道的比率，尺度与其景观格式 ❷				表 4.6
D，D/L D/H	D/H=0.5	D/H=1	D/H=3	D/H=4
D=24m D/L=1/10				
（1）街路的比率（D/H）与景观				
D，D/H 比率	D/L=1/5	D/L=1/10	D/L=1/20	D/L=1/40
D=12m D/L=1				
（2）街路的比率（D/L）与景观				
街路宽（D） 比率	6m	12m	24m	48m
D/H=1 L=120m				
（3）街路的尺度与景观				

❶ 鸣海邦硕，田端修，榊原和彦 . 都市デザインの手法 [M]. 東京：株式会社学芸出版社，1994.

❷ 鸣海邦硕，田端修，榊原和彦 . 都市デザインの手法 [M]. 東京：株式会社学芸出版社，1994.

2. 城市家具与道路空间特征的尺度关系

在街道景观中，分为近景、中景、远景，而对于城市家具在景观中的视觉效果最有效的是中近景。中近景，就是使视点稍微离开一段距离，开阔道路前方的视点，映入视野的景观。例如，大道旁向焦点方向排列的建筑物与树木，其中，高大建筑物的侧墙空间、城市家具和路旁的树木是最引人注目的。

街道两侧建筑的高度与道路的宽度之比造成的空间感觉，可制约城市家具的形式尺度、位置与密度。如果道路两旁的建筑物过于高大，会产生一种压迫感，特别是比较狭窄的道路，经常有这种感觉。这种"压迫感"与把整个场地围在中间的空间的"包围感"一样，是由建筑物的高度 H 与道路的宽度 D 的关系决定的。总之，$D/H \approx 1.0$ 时，有一定程度的"包围感"，随着比值逐渐缩小，"压迫感"逐渐增强。$D/H \leqslant 0.25$ 并且长距离延续的话，很有可能引起密室恐惧症（基姆·马克拉斯基）。反过来，D/H 的数值变大，很难有道路的两侧是一体的空间感觉；当 $D/H \geqslant 4.0$ 时，空间的关系就非常薄弱了。

因此根据空间比例的不同特点，制定城市家具的尺度，形态、位置与密度，对于街道的景观意义重大（表 4.7）。

道路宽度与建筑高度的视觉效果 ❶   表 4.7

D/H	① D/H=0.25	② D/H=0.5	③ D/H=1.0	④ D/H=2.0	⑤ D/H=3.0	⑥ D/H=4.0
建筑物与道路宽的"断面形态"						
在此环境中人所感受到的空间性	·人的视野一般上下约60°。建筑物高度与道路宽之比1：0.25时，只能看到对面的建筑物高度的1/4。 ·这样的比率给人以高度的闭锁感，如果长距离延续的话，有可能引起密室恐怖症。 ·仅作为对比使用	·道路对面的建筑物高度，只能见到一半。 ·同左 ·同左	·1：1比率建筑物的高度与其之间的空间正好保持均衡，产生舒适的空间。 ·45°的视野可以收入对面建筑物的全部，但最顶部见不到。 ·仍然有闭锁感	·高度与路宽比为1：2时，对面建筑的立面全部映入眼中。视野中充满了立面。 ·正好适度地感到包围感	·看立面的视野范围是18°，空间被围的感觉变弱。 ·并排的建筑作为分割空间的切割工具功能很明显。 ·与作为垂直的包围的要素相比，不如说是起到了给予场所感的要素作用	·建筑物成为风景的一部分，排列的建筑物被天空与地面所挟持，在视野中形成细长的带状。 ·D/H>4.0 以上，与空间的关系变得很弱

（基姆·马克拉斯基 / 田端）

---

❶ 鸣海邦硕，田端修，榊原和彦．都市デザインの手法 [M]．東京：株式会社学芸出版社，1994．

第五章 城市家具的系统性设计

一、城市家具系统性设计的基本原则

1. 功能性原则

（1）基本功能实用性

城市家具系统化的建设不仅指系统的运作机制，由于自身功能性和装饰性的要求，还要强调物质空间形态的系统性。城市家具系统性的设计方法是其物质空间形态系统性及功能有效性的有力保障。

城市家具设施要保障实用功能，这是最为基础和必要的设计原则，也是城市家具的立足之本。基本功能是指城市家具设施提供的最主要的服务和效用，如休息、信息、防护、照明等，基本功能是城市家具设施存在的前提，是其主要价值的体现，也是在环境中与人产生互动的物质性表现。这种功能是城市家具设施外在的、首先为人所感知的功能，与此同时，它还是城市家具设施的分类标准。

城市家具设计的本质是对原有公共空间环境品质的一种提升和发展，满足人们在公共空间环境中的各种行为需求，因此在功能性的发挥方面，人是起主导作用的因素。区域公共空间环境中人的生活方式、行为、习惯、心理等方面的特征都决定了其对城市家具系统功能性的要求。因此城市家具系统的设计要依据人们的行为特征需求和生理特征尺度，确立合理的分级结构和宜人舒适的尺度范围，确保每一个城市家具设施在使用时的舒适度和便利性，以达到"以人为本"的设计目标。

城市家具系统由多种城市家具设施组成，不同的设施具备不同的功能本质，它们相互组合构成了公共空间环境生活的有力支撑。在设计时如果每件城市家具设施都能够有其功能的独特性和必要性，并在使用方式、尺度、便利性等方面都具备优势，势必能够使整个城市家具系统的整体效能得到最大化发挥，形成完整的公共空间环境互动界面。

（2）人机互动的协调性

城市家具是城市公共空间环境中与人发生互动活动最为频繁的一个系

统，它的尺度设计和操作方式设计直接关系到人在使用时的舒适性和便利性，并影响人们对该环境的主观印象。城市家具系统中有与人进行直接接触的城市家具类型，例如座椅、洗手台、饮水器、厕所、公用电话亭等，也有与人并不发生直接接触的街道家具类型，例如护栏 / 护柱、自行车架、路灯、公交候车亭等，无论哪类城市家具设施，都要依据人体的尺度和人体活动的生理特征进行设计。

城市家具系统设计对人体尺度的比率必然涉及人机工程学原理和数据。人机工程学（Human Engineering）是研究"人 - 机 - 环境"系统中人、机、环境三大要素之间的关系，为解决该系统中人的效能、健康问题提供理论与方法的科学。人机工程学的最大课题就是人体的尺度数据问题，它是建筑结构、空间设计以及家具设计的重要基本依据资料之一。

人体的尺度是人体在环境空间内完成各种动作时的活动范围，是决定城市家具设施尺度的最基本数据。由于不同种族、不同性别和年龄之间存在着差异，人机工程学对人体尺度的认知都是基于代表性的或平均的尺寸，城市家具设施尺度的确立和设计也要服从于其所设置的地域的人机工学尺度数据。

人体尺度是人体工程学研究的最基本的数据之一，包括人体构造尺寸和人体功能尺寸两大类。人体构造尺寸是静态的人体尺寸，是在人体处于固定的标准状态下测量的，主要为与人体进行接触的各类产品设施提供数据；而人体功能尺寸是动态的人体尺寸，是人在进行某种功能活动时肢体所能达到的空间范围。公共户外家具的尺寸设计除了满足基本的人体构造尺寸外，还要考虑城市家具设施本身和其周围活动空间的尺寸大小，满足人们在公共空间可能发生的各类休闲活动所需要的人体功能尺寸范围，这样既接近于人体尺度，又能与使用环境相协调的尺度，才是令人感到亲切和舒适的尺度。

人体动作空间尺度包括作业域和作业空间两部分内容。作业域是指人体处于静态时身体的活动范围，强调作业时人的躯体保持静止，所得人体数据等同于人体尺度中的人体功能尺寸；作业空间是指人体处于动态时全身的动作范围，强调人的身体在躯体的帮助下究竟可以伸展到何种程度，比如在人体姿势的变换或人体移动的情况下。所以，在进行城市家具的周围领域空间的布置和设计时就不能单纯考虑人体本身的尺度，还要考虑人体运动时肢体的摆动或身体的回旋余地所需的空间，如图5.1 ~ 图5.2所示。

（3）对安全性的保障

安全是人类生存的首要条件，任何为人使用的产品设施如果不能保证安全性，就无从发挥其他方面的功能。城市家具是设置于城市公共空间的公共设施，使用人群具有流动性和不确定性，并且往往位于无监管的开放性场所，因此安全性对于城市家具的设计尤为重要。

　　首先，城市家具自身在结构、材质和使用方式等方面不能有对使用者产生伤害的安全隐患。例如室外座椅的设计，如果采用条状面板结构的话，结构之间的间隙尺寸应该仔细斟酌，以免卡住儿童的身体或四肢；垃圾箱的材质应选用阻燃材料，以防止由未熄灭的烟头引起的火灾隐患等。

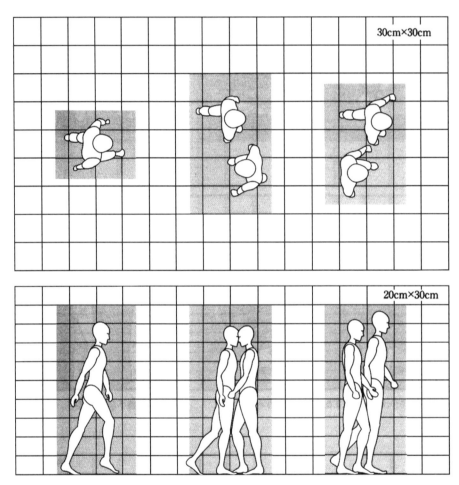

图 5.1
人体工学行为尺度（1）

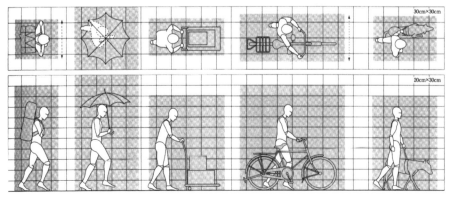

图 5.2
人体工学行为尺度（2）

其次，由于城市家具设施是与人密切接触的景观设施，因此要确保材质的安全性和环保性，材料本身不应含有害物质，不能释放有害气体，即使将来不再使用，也不会对环境造成回收的负担。

再次，由于城市家具设施的开放性和公平性，其功能和尺度不仅要考虑普通人群的人体尺度和需求，而且要考虑包括儿童、老年人、残障人士在内的所有使用人群在安全方面的需求，尽量做到适合不同人的需要，达到无障碍设计的要求，提高安全性等级。例如，为了照顾色弱人士和盲人的生理特征，选择具有凹凸质感的材料，或提供可触摸的指示性设施等；另外，儿童喜欢触摸，并喜欢通过触摸获得各种信息，因此在以儿童为主要使用人群的城市家具设施的材料选择方面要注重可触摸性，并兼顾安全性，避免过于粗糙的材质对儿童皮肤造成安全隐患。

最后，在造型、色彩和材料使用上，城市家具设施不应给使用者造成任何心理伤害。要避免使用地域性或特定人群忌讳的颜色，以及容易产生歧义或误解的造型形态，保障人们在使用过程中的心理安全，带给人舒适和亲切的交互体验。

（4）对心理需求的满足

城市家具系统设计的最终目的是为人们提供一个友好的公共空间生活环境，强化空间的交往作用，便于人们实现城市公共空间里的各种社会活动。所以，适应并满足人的心理需求也是城市家具系统设计的一项重要任务。

美国人文主义心理学家 A.B. 马斯洛于 1943 年在其著作《人的动机理论》一书中提出了著名的"需求层次理论"，这一理论将人的需求划分为五个层次：即生理需求、安全需求、交往与归属需求、尊重需求和自我实现需求。生理需求是指对饮食、庇护和其他生活必需品的需要；安全需求是指避免受到威胁和伤害，保持自身安全和个人私密性，以及在环境中定位的需要；交往与归属需求是指与他人互相交往和认同、情感的交流和归属，即从属于特定场所和社会群体的需要；尊重需求是指自尊和被人尊重的需要；自我实现的需求按照个人意愿，最大限度地发挥个人潜力，以获得某方面的成就，体现个人试图对环境加以控制的需要。这五类需求由低到高依次排列成一个阶梯，低层次的需求获得满足后，才有可能发展较高层次的需求。

城市家具系统的设计可以从上述五个层面展开。在生理需求方面，城市家具设施系统应功能齐备，满足各种生理活动的需要，并具备舒适、卫生、方便可达等特点；在安全需求方面，城市家具的尺度和功能空间范围要为个体或群体提供各自不同的活动领域，保证相对的安全性和私密性；在交往与归属方面，城市家具系统要发挥强化空间环境交往的作用，创造适宜的交往场所，成为人们在公共空间中产生交往活动的催化剂；尊重需求是指城市家具设施的设计在功能便利性和使用舒适度方面能够体现城市管理者对公众个人的尊重和重视，并塑造良好的城市人文形象；城市家具设施自我实现的需求主要体现在公众参与方面，城市公共空间的活动主体是人，正是由于人的创造性思维和对城市环境的影响，城市公共空间才会变得更加丰富多彩。

2. 环境协调性原则

（1）与空间环境的美学风格统一

城市家具系统属于组成城市公共空间环境的一个子系统，与其所处的空间环境之间有着极为密切的依存关系。城市家具系统除了提供自身具备的各种功能作用，还通过造型、色彩、工艺、材料等美学要素的设计构思对城市公共空间环境起到装饰作用。

由于城市家具是从属于城市公共空间的环境要素，因此，上述设计要素的确立必须从属于其所服务的城市公共空间的美学风格，在设计风格和设计元素的选取方面要与周围的空间环境和谐统一，而不能只考虑自身单体设施的美观和时尚。城市家具系统能否与周围环境协调统一，也是衡量系统是否成功的一项重要指标，优秀的城市家具系统在具备安全性、舒适性和识别性等功能性特征的同时，还应该具备与周围环境有机结合的特征。如图 5.3 ~ 图 5.5 所示，巴塞罗那海边的遮阳板和休闲座椅设计运用海洋的色彩和海风作为形态设计元素，既具备功能性，又能够与环境氛围相协调，从而提升环境的美感。

（2）适合空间环境的自然条件

城市家具系统与环境的协调还包括与其所处的自然环境相适应的层面。自然环境是指由气候、温度、光线等自然现象所形成的环境条件，它对城市家具的形态、结构、材料、色彩等方面设计要素的确立影响很大。

例如，在南方多雨潮湿的城市，城市家具设施应选择耐腐蚀的材料，并采用利于排水的结构，避免由于设施表面积水而妨碍功能性的发挥；在寒冷干燥的城市，城市家具设施要选择具有亲和力和温暖感的材质，避免采用金属或石材等易产生冰凉、寒冷心理感受的材质，并赋予其温暖柔和的色调；在日照时间较长的地区，城市家具设施应尽量不选用塑料材质，因为塑料受阳光长时间照射后，加速老化，会出现材料褪色、脆化等现象；而在日照强度较高的地区，城市家具设施的材质和表面肌理还要防止反光现象的产生，避免眩光伤害。

（3）环境友好和经济原则

任何产品设施都会涉及资源问题，城市家具系统的设计也不例外。随

5.3   5.4

5.5

着人类经济社会的发展，人们对资源保护的意识正在不断加强，城市家具
系统的设计也要遵循绿色、环保的原则，提倡环境友好型设计的概念，将
Reduce（减少）、Reuse（回收）、Recycle（再生）的"3R"绿色理念融入
设计过程中，灵活运用环保方面的新技术和新能源，在材质选择、设施结
构、生产工艺和使用过程乃至废弃后的处理等全过程中都要考虑节约资源
和保护生态环境的因素，尽量减少城市家具设施对环境的破坏或使用后造
成的资源浪费，减轻环境的负担。

城市家具是需要大量生产和使用的产品，因此要遵循经济节约的原则和理念。首先，城市家具的结构在满足功能性和安全性的基础上要尽量简洁，避免不必要的结构造成资源的直接或间接浪费；其次，城市家具要尽量就地取材，选用当地盛产的材质，以应对材质运输造成的制作成本提高；最后，通过对材质、结构和加工工艺等方面的把握和控制，延长城市家具设施使用寿命，降低对自然能源的消耗，提高城市家具系统的设计品位和使用价值。

3. 各类城市家具设施的关联性原则

同一公共空间环境内的城市家具是一个有机的系统，它不仅要与周围环境协调一致，自身内部也应当具有整体性，尽管城市家具设施在功能、尺度等方面各有不同，但彼此之间应相互联系，相互依赖，将个性纳入共性的框架之中。

区域城市公共空间环境中的各类城市家具设施是塑造空间环境整体视觉形象的要素，在城市家具系统中每一个城市家具设施都不是一个独立个体，它们都是构成系统和公共空间环境的一部分视觉要素。即使功能和使用对象各不相同，它们之间也应该在形态、色彩、材质或特征性结构等方面具备相同或相似的设计符号，建立彼此之间合理的关联性。由一个基本构件演变出丰富多彩的系列设施，这样不仅在面貌上消除了零乱的感觉，而且在生产上便于组织管理。这些城市家具通过一些共同的设计语言或设计要素的体现，通过协调、组合和搭配形成和谐统一、错落有致的视觉效果，让人感受到这是一个整体系统，以功能为基准，不是为了无谓的装饰，而是为了达到特征的统一。以此体现系统的整体性和构成元素之间的联系性。

城市家具设施的关联性还在于对环境空间的友好，有利于简洁环境空间，提升公共空间的安全通畅性，代表性的例子是"综合杆"的普及。如图 5.6 所示，拥堵的城市家具与树木几乎占据了整个人行横道路口，有路灯杆、监控摄像仪、交通标识牌、道路指示牌、行人信号灯、市政箱体、绿植树木、非机动车停放区域等，"对于人行横道线出入口来说最重要的是保证通道的畅通"，但这里却隐藏着潜在的安全隐患。

城市道路空间综合杆的运用，将附近的城市家具（主要是交通标识、信号灯、路牌、路灯等需要立杆的城市家具）尽可能集中在一根杆上，以节约占地空间，既维护城市道路的功能性，又保持道路景观的简洁通畅度，如图 5.7 ~ 图 5.8 所示。

图 5.6
拥堵的城市家具
与树木几乎占据
了整个人行横道
路口

图 5.7
中国上海道路的
综合杆

图 5.8
中国台湾道路的
综合杆

二、城市家具系统设计的内容要素

设计通常可以理解为对问题的求解，对功能的追求和对形式的创造。设计表达则是设计者运用一定的设计手法将设计构思通过形态、色彩、材料、尺度等视觉语言予以展现的物质性成果。设计不同于纯艺术，在任何有意识的设计造型活动中，功能是判定价值的根本，设计师对设计构思形式的表达受制于设计对象整体的合理性以及功能的有效性。

城市家具系统的设计是从造型、色彩及功能等方面对这些公共设施进行系统化的设计，赋予同一城市公共空间环境中的各类城市家具相同或相似的统一性符号，如形态、色彩、材料及特征性结构等，建立协调、组合和搭配，使这些相对独立的各类城市家具设施通过内在联系形成一个有机的整体；此外，城市家具的系统设计还要考虑是否能够与其所处的环境风格以及城市系统性的设计控制计划相协调，也就是说城市家具的设计要与周边城市的系统性设计控制计划相协调，即城市家具的设计在各种设计要素和美学风格上与周围环境中的建筑风格、建筑色彩、路面、街道空间、景观造型元素相统一，以烘托出该城市公共空间环境的色彩特征及风格特征，使整个城市的公共空间景观显得错落有序、焕然一新，同时充分体现出城市市政管理的内在水平和质量，如图5.9所示。

1. 形态

（1）城市家具系统中形态的概念

"形态"一词是指事物在一定条件下的表现形式，或事物的形状或表现。城市家具设施的形态要素是由其外在造型和内在结构共同显示出的综合特性。在设计语言中，形态和造型往往混用，但其实两者是涵盖面不同的概念。造型主要是指事物外在的形式，往往指外观的层面，而形态既包括外在的表现，又反映内在结构的表现形式。

（2）城市家具系统中形态的内容

城市家具系统的形态包括三个方面，即表征、外构和内涵。表征是指城市家具设施自身的外在形象特征，也是给人的第一视觉感受，包括设施的造型、尺度等能够给人直观视觉形象的特征；外构是指城市家具设施与系统内其他设施结合方式以及周围外界环境的关系；内涵则是指城市家具设施所承载的文化价值和精神理念的内在体现，是要经过思考和体会才能感悟到的深层内容，属于城市家具设施的附属功能，包括基于地域、使用者或设计者的差异而表现出的个性，或者地域相关历史、文化、民俗等方面的内涵表达，以及本身所承载的美学意义和设计理念。图5.10～图5.16为威尼斯街道上形态各异但美学风格统一的城市家具。

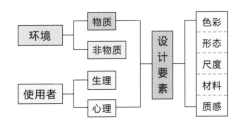

图 5.9
城市家具系统设
计要素内容

图 5.10 ~ 图 5.16
意大利威尼斯的
城市家具设施

5.10

5.11

5.12

5.13

5.14

5.15

5.16

（3）城市家具系统中形态的类型

作为实体性较强的景观元素，人们对城市家具设施功能和形式的感知更多存在于单体或群体的三维形态中，三维形态也可以称为实体形态，大致分为几何形态、自然形态和混合形态几种类型。

①几何形态

几何形态是几何学上的形体，是经过精确极端作出的精确形态，具有简洁、庄重、规则等特性，能够给人以理性的秩序感，如正方形、三角形、梯形、菱形、圆形、五角形等，广泛用于各种城市家具设施的造型设计中。

运用几何形态创造的景观设施一般具有很强的功能指示性，以最简洁和高效的形式语言传达其功能特点。几何化的造型向外界传达着一种冷峻、理性的现代工业造物之美，并成为功能表达的形式要素，通过不同几何形状的变化与组合，形成具有一定节奏和韵律感的空间形体。纯粹几何化景观设施在现代主义风格和极简主义风格的公共空间环境中最为常见，因为它们正好切合了现代主义和极简主义的简洁化、客观化，摒弃了具象内容与联想的设计理念，易与周围环境中的其他设计元素相互融合。几何形态还常常作为其他设计形态的组成部分，成为整体造型的框架或附属元素，不同几何形状能够传达出不尽相同的情感意义，带给人们不同的视觉和心理感受，如表 5.1 所示。

各种几何形状的心理感受及联想   表 5.1

形状	相关感觉联想
圆形	欢快、柔和、跳跃、亲切
半圆形	温暖、平稳、迟钝、包容
扇形	锐利、凉爽、轻巧、华丽
椭圆形	平和、神秘、迟钝、吸引
菱形	动感、尖锐、轻巧、刚毅
正方形	牢固、端庄、古朴、稳定
长方形	坚固、明快、深沉、强壮
三角形	锐利、坚固、个性、收缩

②自然形态

自然形态还可以分为生物形态和非生物形态两种类型，生物形态是指飞禽走兽、花草树木等具有生命的形态；非生物形态是指行云流水、山川怪石等无生命的形态。在城市家具设施设计中自然形态的运用往往是运用仿生设计的手法，通过对自然界的一些自然形象的模仿和内在结构或造型特征的借鉴，创造出一种新的人造形态。

仿生形态也可被视为人造有机形，其特征与几何形相反，具有有机的、多维的视觉形态，外在的轮廓具有曲线美感。同时，这种设计形态往往显示出一种内在的秩序感和规律性，富有生命的韵律感和纯朴自然的视觉特征。

仿生形态源于对自然的提炼，因此带给人心理上的舒适感和亲近感，但是在实际的城市家具设施形态设计中，仿生形态的实用性相对较差，并不容易实现功能与形式的完美结合。运用仿生形态的城市家具设施较为侧重对艺术性的追求，往往都是为了烘托环境氛围或呼应环境景观元素，功能性相对削弱。仿生形态的城市家具设施作为丰富景观设计形式美感的要素，通常用于公园、绿地、滨水景区等以自然风光为主的公共空间环境中，若非如此，反倒可能会与整体景观环境相充斥，成为不和谐的视觉元素。

③混合形态

顾名思义，混合形态并不是一种形态，而是几种或多种形态有机复合在一起的造型方式，是人们有意识创造的自由构成形态。在城市家具设施的形态设计中混合形态的运用较为常见，它通常根据功能性的原则或功能主义设计法则，秉承功能决定形式、形式服从于功能的设计理念，以城市家具设施功能的客观分析为基础进行设计。这种设计手法往往最容易保障城市家具设施功能的发挥，有利于提高使用效率和便利性。运用混合形态的城市家具设施还需要特别注意与其服务的周围空间在环境风格上相融合，关注人的心理感受，避免造成单纯追求功能而脱离系统的整体性。

（4）城市家具系统中形态的形式美法则

形式美法则即美学原则，是人们在长期的生活实践中总结出来的，具有共性和普遍性的指导造型设计的美学规律；它是构成造型的各种要素和形态在合乎规律的原则中所呈现出来的审美特征，是一切造型活动必不可少的重要参考原则。形式美法则可以为城市家具设施系统中各种设施形态的设计提供美学依据，使其更加符合大众的普遍审美标准。

①统一与变化

作为同一系统中的城市家具设施，在形态设计上往往都要力求将统一与变化结合起来，即统一中有变化，变化中有统一；各种城市家具设施造型形态各异，但又相互联系并具有明显的共性特征。统一是指寻找内在的联系和共性，既可以是不同种类的城市家具设施之间的联系，也可以是城市家具系统与环境之间的联系，还可以是主要功能和次要的环境设施之间的形态整合；变化则是创造系统内各部分之间的差异、区别和个性因素，营造活跃的视觉氛围。

城市家具系统内形态的统一与变化可以从呼应、协调、主从三种方式予以体现。

呼应方式是指城市家具设施在细部各要素之间的造型元素相互呼应的

方式，在视觉上给人以统一、稳定的感受。同一系统内的城市家具可运用相同或类似的形、色等细部设计要素在造型中重复出现，作为规律性的呼应手段，取得整体的联系和统一。呼应也并不等同于单纯的重复，在重复的特性中系统内各组成部分之间有变化和独创性，才是呼应的意义所在。

协调方式是指各类城市家具设施的造型元素之间需要协调一致。如不同材料、色彩、纯度、明度的材料搭配，都需要考虑彼此之间的协调性和系统的整体性；另外，城市家具单体形态设计中的不同设计元素需要彼此和谐搭配；同时城市家具与其所处的公共空间环境之间具有协调性，在尺度、色彩、材质、肌理等方面符合环境设计风格，使整个城市家具系统形成密不可分的整体视觉感受。

主从方式是指在同一系统中城市家具设施的形态设计应该根据功能需要分清主次层次，发挥主要功能的城市家具设施的形态特征较为鲜明和突出，次要功能的城市家具设施则更容易与环境融合，以主从的方式使各类街道家具设施处于一种有序、不杂乱的状态，增强整体性和节奏感。

②节奏与韵律

节奏与韵律是形式美法则中的重要一条，节奏在城市家具形态设计中是一种强或弱、大或小、高或低、动或静的体验；韵律以规律规定节奏，是构成形态的元素连续有节奏的反复所产生的抑扬顿挫的变化，使"韵"在"律"中进行。节奏具有较强的理性美感特征，而韵律则着重赋予感情色彩；节奏是韵律的条件，而韵律是节奏的深化。在形态造型设计中，往往运用连续、渐变、起伏、交错等表现手法体现形态的节奏感和韵律感。此外，同一系统中的各类城市家具根据环境需求构成的单元组合，配以重复循环的布置方式，同样可以形成有规律的连续运动的韵律感和视觉上的整体性美感。

③均衡与对称

均衡与对称是一种平衡、稳定的力学现象，在自然界中极为普遍。由于均衡和对称的形态能够给人带来安定、平稳的视觉感受，因此在设计中的应用非常广泛，是一项重要的形式美法则。

对称能使城市家具产生秩序感，主要分为镜面对称、相对对称和轴对称三种形式，镜面对称就是几何图形左右对等、互相对照的对称形式；相对对称是物体外形左右呼应，但并不完全相同；轴对称指中心有一根对称轴，以轴线为圆心旋转相应的图形图案形成的对称形态。

均衡是一种相对的平衡，虽然形态左右构成部分不同，但是整体的视觉感受是平衡的；或者大部分同类城市家具的造型相同，一些细节的要素有个性化的区别，从而形成整体均衡。在城市家具形态设计中，均衡可分为体量大小与面积的均衡，色彩分布、冷暖对比的均衡等方面。均衡和对称的形式美法则运用于城市家具设施的形态设计中能够给人带来安全、稳定的心理感受，并且更容易与环境相融合，同时加工和制作的流程也相对简单和便捷。

④对比与调和

对比与调和是利用造型中各种因素的差异性取得不同艺术效果的表现形式，是对立与统一规律在形态设计中的具体表现。

对比是各种构成元素之间的差异，可以表现在形体的大小、方向、高低、宽窄、曲直、方圆，材质的粗细、软硬，肌理的平滑、粗糙，以及色彩的冷暖、明暗等方面。适当的对比关系能够形成鲜明的对照，使城市家具设施的形象更加生动，形态更为丰富多彩。

调和是各种构成形态的元素之间的相似或一致，即相对统一的因素。缩小造型中的对比差异，使对比因素之间能够有相似元素或有中间元素的过渡，是比较常见的调和方式。调和能使设计的各个视觉要素之间互相呼应，更为整体和系统，从而给人以协调、柔和的美感。

在城市家具设施的形态设计中，对比和调和是辩证统一的关系，在需要突出的特征方面往往采用对比的手法，而在需要协调统一的共性特征方面又会运用调和的手段，使得设施的形态既具有自身的独特性特征，又能够与系统整体和其所服务的环境协调统一。

⑤分割与比例

城市家具是城市公共空间环境中直接与人接触的公共设施，其立体造型各部分的尺寸和比例关系要恰如其分，既要满足使用上的要求，又要给人视觉上的美感，因此尺寸的大小、比例的合适与否，直接影响着城市家具的使用功能和审美评价。

比例和分割是直接联系的两个概念，比例的构成条件在组织上有着浓厚的数理概念，但在外在表现上是恰到好处的完美分割形成的美感。数学上的等差级数、等比级数、调和级数和黄金比例等都是构成优美比例形态的理论基础。

2. 色彩

在城市家具的诸多造型因素中，色彩无疑是一个极为关键的因素，它能够相当强烈而迅速地诉诸感觉。从人们运用视觉感知物体的过程来看，色彩和形态具有同等重要的作用，而且色彩往往比形态更容易被人感知和记忆。当人们逐渐接近某一物体时，在形态尚不清晰的情况下，色彩却已经先被感知，因此，色彩对于形态来说具有引导作用。

（1）色彩在城市家具系统设计中的意义

在视觉、听觉、触觉、嗅觉和味觉五种感觉系统中，视觉的作用最大，也是人感知外界环境的主要感觉系统。而在城市家具设施的设计中，与视觉感知相关的要素主要是形、色和质（即材料）。形、色、质三者是密不可分、相互依存的，但是由于相对于形态和材质，色彩更具有感性化的特征，能够影响人的情感，并具有象征性作用，因此，在一定情况下，色彩在城市家具设施设计中的重要性要大于形态和材料。

在具体的设计中色彩通常用来增强城市家具设施形态的表现力，同时又对整体环境起到装饰和烘托氛围的作用，此外，某些赋予特殊象征意义的色彩还能够体现地域文化和民族精神。因此色彩在城市家具设施设计中具有表达情感和装饰环境的功能，并能够丰富城市家具系统的表现力和感染力。图 5.17 ~ 图 5.20 为金华燕尾洲公园的色彩设计。

（2）色彩的物理性视觉效应

不同色彩的光信息作用于人的视觉器官，通过视神经传入大脑，经过思维、记忆与联系的一系列过程会产生主观感觉的变化，通常称之为色彩的物理性视觉效应。

①温度感

色彩本身并不具有冷暖温度的差别，而是人们根据自己的记忆、经验等主观思维赋予它的心理联想。例如火和太阳能够给人带来温暖和热度，久而久之，红色、橙色、黄色等代表火或太阳的颜色也就相应地产生了温暖感；而海水、森林、月光、冰雪等给人凉爽或寒冷的事物的代表色，如蓝色、绿色、青色等都被赋予了寒冷的感受。因此，色彩从温度上往往可以分为暖色、冷色和中性色三种色调。

5.17

5.18

5.19

5.20

图 5.17 ~ 图 5.20
金华燕尾洲公园
的色彩设计

色彩的温度感并不是绝对的，而是相对的，并且还与色彩的彩度有关。在暖色调中，彩度越高越具有温暖感；在冷色调中，彩度越高则越具有寒冷感。

②重量感

色彩的重量感主要取决于色彩的明度，明度高的色彩给人轻柔、漂浮、上升的感觉，因而会显得较轻；而明度较低的颜色给人稳定、沉重、下降的感觉，因而显得较重。正确运用色彩的重量感，可以使城市家具设施的色彩关系更为平衡和稳定。

③体量感

从体量感的角度看，可以把色彩分为膨胀色和收缩色。如果物体由于自身的某种色彩，使其看起来增加了体量，这种颜色被称为膨胀色；反之，如果某种色彩可以压缩物体的视觉体量，这种颜色为收缩色。

色彩的体量感主要取决于明度，明度越高，膨胀感越强，反之亦然。同时色相也会影响色彩的体量，一般来说，暖色较具有膨胀感，而冷色具有收缩感。

④距离感

由于不同波长的色彩在人眼视网膜上的成像有前有后，因此色彩会带给人不同的距离感，这实际上是一种视错觉的现象。根据色彩的距离感，可以将其分为前进色和后退色，或称为近感色和远感色。前进色就是能使物体与人的距离看起来比实际距离近的颜色，而后退色是指能使物体与人的距离看起来比实际距离远的颜色。

色彩的距离感与色相有关，实验表明，主要的色彩由前进到后退的顺序为：红、黄、橙、紫、绿、青。同时，明度也会影响色彩的距离感，一般来说，高明度的色彩具有前进感，低明度的色彩具有后退感。

⑤软硬感

色彩的软硬感主要来自色彩带给人的触觉感受的联想，主要与色彩的明度和纯度相关。明度越高越容易给人软的感觉，明度越低则感觉越硬。明度高且纯度低的色彩具有软感，中纯度的色彩呈现柔感；而高纯度和低纯度的色彩都呈现较硬感，如果明度低则硬感更明显。

（3）色彩的心理效应

色彩的心理效应主要表现在它能够影响人的情绪，引起人的联想，乃至象征的作用。色彩给人的联想可以是具象的，也可以是抽象的。所谓具象的联想是指某种色彩能够使人联想起自然界或生活中某些具体的事物；而抽象的联想则是指某种颜色能够使人联想到高贵、严肃、活泼、纯洁等抽象的概念或感受。联想的内容及形式会受观者的年龄、性格、性别、文化背景、生活经历等多方面因素的影响，但是往往具有一定的共性特征。

（4）色彩在城市家具系统中的作用

①辨识性作用

明度是色彩的骨骼，是形成空间感和体量感的主要依据。高明度的色彩给人轻快、活泼、华丽之感，且一般都是前进色或膨胀色，这类色彩最易成为视线中的前景色，在环境中易于识别；而低明度的色彩则给人厚重、沉稳、低调的感觉，往往是后退色或收缩色，这类色彩则适合充当背景色。

设计城市家具设施时要充分利用色彩明度的特点巧妙构思，对需要较强辨识度的城市家具设施采用高明度的色彩处理，突出其功能性作用，而对凌乱无序的构件或者配电箱、电线杆等不参与景观造型的城市家具设施则采用低明度的色彩，使其与背景融合，起到"隐藏"的视觉效果，从而构建更为美观有序的城市公共空间环境。图 5.21 ~ 图 5.32 为日本名古屋市属公园信息类城市家具系统性色彩。

②象征性作用

色彩的象征性作用有些是色彩自身特性所决定的，而有些则是约定俗成的规则，如图 5.33 ~ 图 5.34 所示。相对于色彩的明度和彩度而言，色相是最能够展现象征意义的要素，因此在色相的选择和配置上要特别注意色彩的象征意义对城市家具设施象征性的影响。

色相的选择是景观设施色彩设计的基础，是由环境场所的特性和预期的设计风格确定的。一般来说，在城市家具系统中，中色系和暖色系的色相使用较多，因为中色系和暖色系具有亲和力，能够凸显城市家具设施的人性化。此外，在一些严肃的纪念性场所或个性化的公共空间环境，城市家具设施可适当地选择冷色系的色相，配合空间环境理性、庄重的设计意蕴。

③装饰性作用

色彩具有装饰性作用，不同色彩之间的搭配可以产生对比、调和、节奏、韵律等视觉美学效应，因此，在城市家具系统的色彩设计中，色彩的调和与配色是决定城市家具设施表现力及其与环境关系是否融洽的关键。恰到好处的色彩搭配不但使城市家具设施本身富于美感和活力，同时起到了装点和美化城市公共空间环境的作用，如图 5.35 ~ 图 5.36 所示。

（5）城市家具系统中色彩设计的原则

①符合功能方面需求

形、色、质是视觉信息的三大要素，人们在观察物体时首先引起视觉反应的是色彩。色彩在对人们迅速辨识出其所需要的城市家具设施，以便完成相应活动的过程中起到很重要的作用，因此为了保障城市家具设施能够顺利

5.21

5.22

5.23

5.24

5.25

5.26

5.27

5.28

5.29

5.30

5.31

5.32

图 5.21 ～ 图 5.32
日本名古屋市属公园信息类城
市家具系统性色彩

图 5.33 ~ 图 5.34
色彩象征性在城
市家具设计中的
运用

5.33

5.34

图 5.35 ~ 图 5.36
色彩装饰性在城
市家具设计中的
体现

5.35

5.36

有效地发挥功能，要根据该设施在环境中所需要的识别度进行色彩设计。

总体来说，城市家具系统中城市家具设施的辨识程度大致分为四个等级。在城市家具系统的各类城市家具中，信息类所需要的辨识度往往最高，其次是交通类、休憩类、卫生类和商业类，游乐类和照明类的辨识度则稍逊一些，而管理类城市家具，如配电箱、排气塔、窨井盖等，其色彩设计识别性要求较低，因此最好使用不引人注目的色彩，尽量与环境背景色融为一体。对于无障碍类城市家具设施的色彩，需要针对视觉障碍者或视觉能力下降的老人等特殊群体进行识别性设计，如表 5.2 所示。

各类城市家具的辨识度等级   表 5.2

辨识度等级	城市家具类型
最高	信息类城市家具
稍低	休憩类、卫生类、商业类和游乐类城市家具
较低	交通类城市家具和照明类城市家具
隐藏	管理类城市家具
特殊	无障碍类城市家具

当然，根据设施分类进行色彩设计的原则并不是绝对的，只是一个大体的划分。如消防栓属于管理类设施，使用频率不高，普通市民和游客也很少用到，但一旦发生险情，则需要在环境中被迅速识别（消防栓的国际通用色为辨识度很高的红色）。因此，要细致考虑城市家具设施的功能需求，从而进行相应的色彩设计。

②符合系统的整体性

城市家具系统中的各类城市家具根据环境功能和人的需求共同设置于同一城市公共空间环境中，并有机地构成一个完整的系统。因此对城市家具设施的色彩设计的推敲不能仅局限于某一单体，还要考虑到各类城市家具设施之间的统一性和协调性。同一城市家具系统中的各类城市家具的色彩需要有主有从、有呼有应，更重要的是统一在同一色彩的主基调中，使人们在统一中感受到变化，在总体协调的前提下感受到细微的差别。

③符合环境色彩关系

城市家具系统的色彩设计主要涉及色相、明度和纯度要素，以及色彩对人的心理和生理的影响。此外，由于城市家具系统是城市公共空间环境的子系统，它的色彩设计还要从属于其所处的环境，因此对城市家具设施色彩设计的推敲还要考虑系统与整体景观环境的色彩关系。

首先，城市家具系统的色彩应当与环境色彩的主基调相协调。除了信息类城市家具设施外，其他辨识度相对较低的公共设施的色彩可以从其所处城市公共空间的建筑、路面、景观植被等环境要素或主题性特征中提取，用类似色相和色调调和的方法进行配色，保持环境色彩的整体感和协调感。

其次，城市家具系统的色彩在与环境色彩相协调的同时，还应当注意处理好统一与变化的关系。虽然基调是城市公共空间环境中色彩统一协调的关键，但是毫无变化地单纯追求统一则会使环境变得单调乏味。因此，在主基调统一的前提下适当地加入一些对比、变化或点缀，能够提高环境的景观视觉效果，并提升环境的活力。

3. 材料

材料是实现人造物的物质基础和重要途径，任何形态都要借助材料作为其载体，没有材料的形态是毫无实际意义的。在城市家具系统的设计中，材料是设计表达的有机组成部分，也是设计者传达设计构思的重要载体要素。城市家具设施设计的常用材料有木材、石材、金属、玻璃、塑料以及其他一些复合性材料，各种材料都具有自身的物理、化学特性，并由此决定其加工和美学特征，这些性质和特征的综合作用决定着材料的特点。

材料与形态的关系十分密切，材料本身构成与结构所决定的特性，受材料内部结构所控制，是材料的固有性能，材料的固有性能决定了加工方式与外在表现不同，也决定了塑造何种形态。同时，材料的感觉特性即材料的质感和肌理，也与材料本身的物理、化学特性及其内部结构密切相关。在设施设计中根据形态、功能和环境需求运用适当的材料，可以实现不同的功能并表达不同的感觉特性。

（1）城市家具系统中常用的材料及其特性

①木材

木材包括天然模板、藤、竹等由植物加工形成的材质，现代科学技术使木材的范围逐渐扩大到木质材料，因此，广义的木材还包括胶合板、纤维板、刨花板、单板层积材等复合材料。木材是我国最善用和最常见的材料之一，具有良好的弹缩性（湿涨、干缩），其导热性、导电性和共振性小，具有良好的触感，且易于加工；缺点是容易变形，遇水容易腐蚀、经太阳长期照射会变脆断裂，遇火即燃烧。针对木材的这些特点，城市家具采用的木材质必须经过特殊的处理，一是防火、阻燃处理，二是防腐蚀、防水和防潮处理。根据木材的物理特点和质感特征，在城市家具设计中一般将其运用于座椅、拉手、扶手，儿童设施用材等与人体发生直接接触的地方。图 5.37 ～图 5.40 所示为各类不同功能的木材质城市家具设施。

5.37

5.38

5.39

5.40

图 5.37 ～图 5.40
各种木（竹）材
质的城市家具

②石材

石材包括天然石材和人造石材。在城市家具中使用的天然石材主要是花岗岩和大理石。它们具有质地组织细密、坚实、坚硬、耐磨、吸水率小、抗压性强、不变形、可磨光和肌理独特等优点。其中大理石不耐风化，花岗岩却耐腐蚀、高温、阳光和冰冻，比大理石更适合用于城市家具的主要部件（如凳石、台面等）。但是相对于人造石材，天然石材的开采和加工成本均高出许多，所以一般的城市家具中石材的选用以人工石材居多。

人造石材包括人造花岗石和人造大理石，它以石粉，石渣为主要骨料，以树脂为胶结成型剂，一次浇铸而成。人造石材易于切割加工、抛光，其花色接近天然石材，而且其抗污性、耐久性均优于天然石材，施工方便、个性强、花色图案可以人为控制。如图 5.41～图 5.48 所示为日本名古屋久屋大通街区各类不同类型的石材质城市家具。

③金属

金属大致分为铁金属和非铁金属两类：铁金属包括不锈钢、铸铁、高碳钢等，硬度高、沉重；非铁金属则以含铝、铜、锡及其他轻金属的合金为主，这些合金类金属的硬度相对较低，但加工弹性较大。

用于城市家具的金属材料有不锈钢、铸铁、钢材等，常与其他材料相结合。不锈钢在空气、酸碱性溶液或其他介质中具有很高的稳定性，不易被腐蚀，且质地坚硬、可塑性强、外观美观，因此用于城市家具的频率较高，起到画龙点睛的作用。

铸铁具有强度高、重量大、价格低等优点，通常用于扶手、门饰、护栏、座椅以及其他一些城市家具的支架和底座等具有古典风格的形态造型中。

钢材包括碳素钢和普通低合金钢：碳素钢含碳量越高，强度越高，但可塑性（弹性与变形性）也相应降低；普通低合金钢是一种含有少量合金元素的合金钢，强度高，具有耐腐蚀、耐磨、耐低温以及较好的加工和焊接性能，通常制成型钢、钢管、钢板等半成品，用于城市街道家具的各种构件和组合部件，如休闲座椅的腿部、护柱、垃圾桶、街灯的立柱等。图 5.49～图 5.52 所示为各类不同功能的金属材质城市家具设施。

④塑料

塑料包括 PVC 材、尼龙、塑胶材以及各种树脂、橡胶、ABS 板等。塑料具有优良的物理、化学和机械性能，不导电，传热性低，色彩丰富，且重量轻、强度高，因此便于运输和组装。此外，使用简单的成型工艺就能将塑料做成复杂的形态，并在生产过程中通过改变工艺和配方来调整物理性能，满足不同的需要，适合构件化批量生产。

在高温和高压下，塑料会变形、老化，但防水、防锈、易加工、色彩丰富、性能多样的特点决定了它能够广泛应用于城市家具设计。塑料材质

5.41

5.42

5.43

5.44

5.45

5.46

5.47

5.48

图 5.41 ~ 图 5.48
日本名古屋久屋大通街区硬材质城市家具

5.49

5.50

图 5.49 ~ 图 5.52
各种金属材质的
城市家具

5.51

5.52

的质量较轻，常常在便于移动的城市家具设施中使用，或者与金属、石材等质感较重的材料配合使用。

⑤玻璃

玻璃种类很多，在城市家具中以局部配件形式出现，起到艺术性的装饰作用。它除了透光、透视、隔声、隔热外，还具有保温、防辐射、防爆等特殊用途。玻璃表面可以采用喷砂、雕刻、酸蚀等工艺手段进行加工处理，以获得不同的视觉效果。城市家具中常用的玻璃材质有钢化玻璃、镜面玻璃、压花玻璃、夹丝玻璃、涂膜玻璃等。玻璃是一种极富灵性的现代装饰性材料，极易与各种环境相融合，达到与环境的协调，通常用于需要装饰的城市家具和较为现代的公共空间环境。与塑料相比，玻璃的抗张强度相对较低，是一种脆性材质，因此往往用在一些不易与人直接接触的设施或部件上，例如街灯的灯罩、灯泡，或是公交候车厅的背板等，如图 5.53 ~ 图 5.54 所示为各种玻璃材质的城市家具。

⑥混凝土

混凝土属于无机材料的一种，是由沙子、碎石子为骨料与水泥和水

图 5.53 ~ 图 5.54
各种玻璃材质的
城市家具

5.53

5.54

混合搅拌而成的一种现代建筑材料。它具有坚固、经济、工艺加工方便等优点,可塑性强,通过不同的纹理模板可以产生不同的表面肌理效果。但是由于其吸水性较强且表面易被风化,经常要与其他材料配合使用。如以铁条为结构线构成网状,外浇混凝土构成形态;或以碎花玻璃拼附表面,形成丰富的花色肌理等。由于混凝土材质一旦成型后不易移动和改变,因此常被用于花池、固定座椅、固定路障或缘石坡道等位置比较稳定的设施中。

⑦陶瓷

陶瓷属于无机材料的一种,是人类最早利用的非天然材料。陶瓷的化学性质稳定,具有良好的抗氧化能力,能抵抗强腐蚀介质;在物理特性方面,陶瓷的抗拉强度低、抗压强度高、硬度高、质脆,由于表面光滑、导热系数小、易清洁、色彩较为丰富,很适宜户外公共环境。陶瓷材质在城市家具设施中的应用主要是体现其丰富的色彩和光泽,提高城市家具设施的装饰性,从而突出形态,如图5.55 ~ 图5.56所示。陶瓷的加工工艺可以使用塑、

图 5.55 ~ 图 5.56
景德镇陶瓷材料
城市家具

5.55

5.56

捏、挤、压等一系列手法，但是由于烧制工艺的限制，尺寸过大的陶瓷制品在烧制过程中容易变形，因此不宜形成大尺度和复杂的形态。

⑧复合材料

复合材料，是把一种材料用人工方法均匀地分散在另一种材料中，以克服单一材料的某些弱点，从而发挥多种材料的综合性能优势。

复合材料一般由高强度、高模量和高脆弱性的增强剂与强度低、韧性好、低模量的基体组成。常用玻璃纤维、石灰纤维等作增强剂，用塑料、树脂、橡胶、金属等作基体，组成各种复合材料，如玻璃增强树脂（即玻璃钢）就是一种在城市家具中较常使用的复合材料。

（2）材料的质感在城市家具设计中的运用

材料的材质美通过材料本身的表面特性（色彩、光泽、肌理、质地等）表现出来，不同表面特性的材料会有不同的性格表现；不同质感的材料能够给人带来不同的触觉感受、心理感受和审美情趣，如表5.3所示。

质感是人们对不同材质的心理感受，其外在表现是材料质地和肌理的综合，质地是材料的内在本质特征，由物理属性引发人们的感受差别；而肌理则作为材料的外在表现形式而被人们所感知，分为自然和人造两种形式。

城市家具设施常用材料的质感联想　　　　　　　　　　　　　　　表5.3

材料名称	相关感觉联想
木材	自然、温和、亲切、手工、粗糙、感性、古典、雅致、协调
竹材	自然、坚韧、弹性、质朴、清新、古典、淡雅
石材	冷漠、冷静、厚重、凉爽、光滑、粗糙、坚实、暗沉
金属	华丽、坚硬、冰冷、柔韧、现代、光亮、沉重、时尚、冷酷
塑料	人造、轻巧、廉价、艳丽、细腻、科技、柔软、弹性
玻璃	光亮、干净、易碎、锐利、通透、自由、清脆、棱角、科技
混凝土	拘束、呆板、稳重、冷漠、坚硬、结实、厚重、理性
陶瓷	华丽、古典、精致、易碎、光洁、整齐、贵重、冰凉

城市家具设施的质感与整体造型有着相当密切的关系，即使是完全相同的形态，由于采用了不同的质感，可能会产生截然不同的性格。例如同一块大理石材，毛面质感的大理石会给人自然、质朴、亲切的感觉，而表面经过精磨加工的光面质感的大理石则会给人华丽、凉爽、光滑的感觉。

材料的质感往往会引发人们的联想，因此城市家具系统的设计对材料质感的考虑在很大程度上是为了满足使用者精神或心理方面的需求。例如，使用不锈钢、铝合金、抛光大理石或玻璃等反光性能强的材料，能够使人产生富丽堂皇、光彩夺目的感受；而使用木材、主材、毛面砖石等材料，则可以赋予环境自然、宁静、典雅的气质。因此，在不同功能性质的城市公共空间环境中，城市家具设施需要采用与环境相协调的材料和质感，以烘托环境氛围。

同时，城市家具系统中各类设施材料的质感运用不仅要满足人们视觉审美的需求，还要做到实用功能与审美功能的内在统一。材料的质感是人们通过对物体所用材料的感官接触产生的心理效应，因此应与城市家具设施的功能相匹配。在需要与使用者产生亲密接触的城市家具设施的质感选择上，例如座椅的坐面、扶手或者儿童游乐设施等，要尽量避免金属、石材等带有较冷触感的材质以及粗糙的肌理和质感，以免材质质感产生的距离感和不安全的心理感受妨碍城市家具设施功能性的发挥。

此外，城市家具系统中各类设施材料的质感运用还要考虑周围环境的需求。材料的质感不仅可以形成特定的环境气氛和意境，还可以调整空间比例，并在某些方面改善环境的物理特性。从空间比例看，光洁质感的材料对光的反射率较高，因而能够使空间环境显得开敞或空旷；而粗糙质感的材料对光的反射率较低，则容易使空间环境显得更为紧凑。从物理特性看，表面光洁质感的材料对声音的反射率较高，因此采用表面粗糙、质地松软的材料能够吸收部分声污染，从而提高环境在声学方面的舒适度。

（3）城市家具系统中材质设计的原则

①美观性原则

在城市家具系统的设计中，材料作为构成产品的物质基础，直接影响着城市家具设施的外观表现。不同材质有其自身特性所产生的独特质感和美感，在城市家具设施的材料选择中应当重视并充分利用这种自然美感，这会赋予城市家具设施不同的个体属性和美学特征。

在城市家具材料的选择和运用中，还需要注意整体与局部、局部与局部之间的材料配比关系，各部分的材质质感设计应当按照形式美的基本法则进行配比，有对比有协调、有变化有统一，以获得整体的美感。

同一城市公共空间的各类城市家具是一个整体系统，各类城市家具设施之间以及与周围环境之间也要相互联系。在材料选择上，各类城市家具设施之间要相互呼应，并选择与其所处的公共空间环境的美学风格协调和匹配的材质，以塑造环境整体性的美感。

②舒适性原则

城市家具是为了满足人的需求而设置的，为了保障其功能性的发挥，在材料选择上要符合人的生理和心理需求，充分考虑设施与人的互动关系，做到合理、宜人和舒适。尤其是城市家具设施中与人产生直接接触的界面，更要选择适宜的材质，以给人舒适的心理和生理感受，从而保证其功能性的发挥。

③环保性原则

城市家具系统的材料设计还要充分考虑所选材料对环境的影响，选择无毒、无害的绿色环保材料，并尽量选用可回收或者能重复利用的材料。

在满足城市家具设施各种基本功能的前提下，还应尽量减少材料的使用种类和使用数量，简化设施结构及装配，并且选择较为坚固耐用、适宜环境的材料，以延长设施的使用周期，减少材料的浪费。

④经济性原则

城市家具的分类众多，且在城市公共空间中分布广泛、数量繁多，因此在材料选择方面还要注意经济性，尽量降低原材料成本、运输成本、加工装配成本和后期维护成本等，并充分考虑材料的耐用性，选择更强、更有效和更可靠的材料。在外观美感和功能性能都得到保障的前提下，适当采用以人造材料替代自然材料，或以当地材料替代外地材料等方法，提高城市家具系统的经济性。

⑤时代性原则

随着科学技术的发展，各种新型材料层出不穷，大幅度拓宽了城市家具系统材料的选择范围。新型材料往往具有高性能、低成本、易加工、耐腐蚀等独特优势，并不乏材质的特定美感。城市家具系统材料的选择也要符合时代发展和科技进步，适当地选择高效能的新兴材料，提高自身系统的时代感和新鲜感，从而更加适应环境和人群的需求。

4. 尺度

尺度是指尺寸与度量的关系，研究的是设计客体整体或局部构件的尺寸与人或人熟悉的物体之间的比例关系，以及这种关系给人的感受。城市家具设计的尺度分析包括城市家具设施与空间的比例关系，以及不同城市家具设施之间的尺寸关系两方面。

城市家具设施的尺度受两方面因素的影响，首先是人的尺度。城市家具设施的尺度是否合理直接影响到其形态比例的美感，更影响到其功能性的发挥，因此城市家具设施的尺度设计要严格参照人机工程学所提供的人体各方面的尺度参数，包括人体各部分的尺寸、体表面积以及人体各部分在活动时的相互关系和行动范围，采用大多数人的人体尺度标准，并在设计中留有部分余地。城市家具设施的尺度设计主要考虑的人机因素是人在使用设施时的动态空间尺度，并且由于各类城市家具设施的功能不同，其尺寸的参考侧重也有所不同。无障碍城市家具设施还要考虑无障碍人群的尺度需求，并针对其尺度参数进行专案设计。

其次，城市家具设施的尺度还受到其所设置的公共空间环境的影响，包括场所面积、其他景观造型要素的大小和高度等。城市家具设施是城市公共空间环境的重要组成部分，它的尺度应与环境形成良好的比例关系，从而与环境有机融合，形成视觉上的美感。座椅、凉亭、书报亭、高位路灯等体量较大的城市家具设施只有放置于特定环境中，并与其他城市家具设施和景观造型元素相比较，才能确定其尺度是否符合环境需求，以便发挥美学价值。

5. 光线

如果说形态、色彩、材质和尺度是城市家具设计的实体性要素，那么光线作为影响这些实体性要素的外部介质，也是整体设计考虑的重要因素之一。

光线是人们通过视觉感知外界世界的必要条件，能够直接影响人们的视觉感受和心理感受，不同的光环境带给人不同的心理体验。恰到好处的光环境运用能够提高城市家具设施艺术品质，从而提升整个公共空间环境视觉吸引力。建筑师路易斯·康曾说过："对我来说，光是有情感的，它产生了与人合一的领域，将人语永恒联系在一起；它可以创造一种形，这种形是一般造型手法无法获得的。"

城市家具系统的光线设计包括两个方面：一方面是自身不发光的城市家具设施对于自然光的运用；另一方面则是照明类的城市家具设施对于光环境的营造。

城市公共空间的城市家具大都直接面对自然光的照射，自然光随着时间有节奏的变化能够产生丰富的光彩，这种特性赋予城市家具设施节奏感和层次感，所以设计城市家具设施时应结合空间环境的特点，尽量让光环境特征发挥优势，使城市家具设施与光线达到完美结合。此外，除了照明，自然光还有传热的物理功能，在设计与使用者的身体有直接接触的城市家具设施时应注意选用导热系数小的材质和反光系数小的肌理，并配置较浅的色彩，防止材质吸收过多的光热量，对使用者产生伤害。

照明类城市家具设施的光线设计属于对人工光线有计划的运用，现代的照明技术为照明类城市家具设施提供了更为灵活多样的照明方式，可以产生多变的效果和层次。一方面，照明类城市家具设施的光线设计要发挥功能性，为人们提供有效的环境照明，提高公共空间环境的安全性和便利性；另一方面，照明类城市家具设施还可以通过局部照明提高城市家具设施自身的活力，并运用多种光线设计营造符合环境氛围的光环境，美化和装饰城市公共空间的夜间景观环境。

第六章　城市家具系统的创新与展望

一、生态观和低碳理念视角下的城市家具

随着科技的发展、生活水平的提高，人们的生活、思维和交往方式也发生了变化，随之对城市街道空间和其中的各类城市家具设施产生了更多元和更具时代性的需求。

当前的城市建设更加重视环保、生态、低碳等环境可持续理念。城市可持续发展的目标是满足城市发展和环境需求，提高能源利用率、使用清洁能源，有效降低二氧化碳的排放，保障资源的高效化利用，实现发展和资源的动态平衡，避免对生态环境造成污染或破坏。城市家具作为城市空间中最具活力和亲适性的物质要素，其规划和设计也需要遵循自然规律，秉承人与环境和谐共存的发展理念；将以人为本，面向未来作为项目的重要预期目标。

城市家具系统观的构建能够在规划和设计环节中有效地提高各类设施功能和设计要素的有机整合和协调统一，在很大程度上避免材料、空间、人力等成本资源的重复和浪费，实现系统整体目标的最优化。此外，规划合理、设计美观、功能齐备和体验良好的城市家具系统能够更好地营造城市公共空间环境的品质和舒适度，为人们的休闲、慢行、低碳出行等提供物质环境保障。

基于生态观和低碳理念的城市家具系统，要更多地关注几个方面：

1. 增加绿化类和装饰类城市家具设施的数量，在提高绿化率的同时营造更加美观舒适的空间环境；

2. 选用可回收利用、可再生、可降解的环保型材料，减少对环境的污染和材料资源的浪费；整合功能需求，巧妙地设计复合功能的城市家具设施；

3. 就地取材，选择当地便于获得或便于运输的材料并为其设计合理的结构和形态，避免材料和运输成本的浪费；

4. 将未来的潜在需求纳入设计思考过程中，使各类城市家具设施能够

实现可调节、可接入；

5. 采用太阳能、风能等环保和可再生能源为城市家具设施提供电力和动力，选择节能环保型的功能原件和产品，同步降低能耗和排放；

6. 优化电力、动力控制系统，在保障各类城市家具设施高使用率时段功能的同时，降低其低使用率时段的能源消耗，避免不必要的浪费。

图 6.1 ~ 图 6.8 是建筑和设计工作室 Hello Wood 为教育机构和公共场所设计的系列"智能"户外城市家具"Fluid Cube"和"City Snake"。采用可再生木材进行模块化建构，运用 CNC 科技切割实现流畅曲线，同时最大限度地降低材料浪费。这一设计以现代和可持续的方式呈现出了既环保又富有艺术美感的模块化公共装置。"Fluid Cube"是一个固定的立方结构，它包含一个配备太阳能电池的钢化玻璃屋顶。半透明的屋顶在允许太阳光进入的同时也确保了坐着的人免受雨淋。相比之下，"City Snake"则是一个细长的模块，在使用方式上更加灵活。

如图 6.9 ~ 图 6.12 所示，英国伦敦伯德街（Bird Street）的人行道非常与众不同，其上设置了新型科技——发电地砖，利用人们在上面行走时产生的能量进行发电，为街道以及周边的商铺提供电力能源，并可以收集相关的数据用于研究。

二、互动媒体及交互技术在城市家具设计中的应用

随着互动媒体和交互技术的兴起，人们对空间的感知和互动水平提出了更高的要求。信息文化、网络文化、视觉文化等新文化呈现出多元共生的态势。❶

基于互动媒体手段和交互技术的发展，城市公共空间和其中的城市家具系统不仅要满足空间布置合理和功能配置完善的目标，还应充分考虑将多种媒体方式与多种互动形式的作品和载体巧妙且恰当地融合于系统之中，将当代科技与艺术和功能完美结合，使在公共空间活动的人们能够获得更为丰富和多元的交互体验，使人与环境、人与物、人与人之间在互动与交互的过程中建立一种良性关联。

目前在互动媒体中崭露头角的光感互动、触感互动、声音互动、遥感互动以及综合互动等多种交互形式，随着支撑技术稳定性的逐步提高，未来能将城市家具系统的设施和公共空间的其他各类组成要素作为物质载体，共同构建多层次且更具活力和独特性的高品质公共空间。

例如，在装饰类城市家具中设置能够根据用户行为指令调整景观动态

---

❶ 沈丽珍 . 流动空间 [M]. 南京：东南大学出版社，2010.

6.1

6.2

6.3

6.4

6.5

6.6

6.7

6.8

图 6.1 ~ 图 6.8
户外城市家具 "Fluid Cube" 和 "City Snake"

6.9

6.10

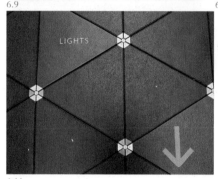

LIGHTS

6.11

6.12

图 6.9 ～图 6.12
英国伦敦伯德街
的可发电人行道

效果的互动装置；在信息类城市家具中设置 LED 交互屏并结合 VR 技术与行人及其智能终端实时互动；运用投影技术将公共空间的建筑立面、地面、广告牌、信息中心及各类城市家具设施等物质界面作为可视媒介，根据行人的运动调整所呈现的全息景象，在视觉上增加人们与空间环境的互动感和参与空间构成的满足感；虚拟现实技术也可以用于公共空间和城市家具系统，通过设置场景、模型、互动角色、视频动画等虚拟互动特效给人带来真实和沉浸的互动体验，从而提升人与环境、人与设施之间的交互和关联；不仅如此，虚拟现实技术还可以用于信息类和标识导向类城市家具设施，为人们的出行提供更加便利、更加准确且多维的体验。

图 6.13 ～图 6.18 是由 HQ 建筑事务所设计的感应路灯——盛放的花朵，位于耶路撒冷市中心的 Vallero 广场，是当地政府为了改善城市空间发起的项目。这一装置没有抗拒嘈杂的环境，相反，尝试用互动的形式点亮城市空间。整个路灯的高度和盛开的宽度都是 9 米，设计师精心布置了四朵花的位置，以便广场的四面八方都能受其感染。每一朵花都能够实时地通过感应路人以及周边事物的变化来带动装置对相关行为和变化产生反应：当有行人走过时，软性材料的花瓣即被充满空气，花朵迅速盛放，为人们提供照明和遮蔽；而当行人离开，花朵又会慢慢收起，变成含苞待放的花苞。同样，当电车驶近站点，这四朵花也会发出信号，提醒广场上的行人及时赶上电车。强势占据广场的四大红花，创造了和城市居民的友好互动，给城市空间带来了新的感官体验。

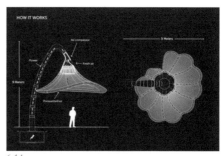

6.13

6.14

6.15

6.16

图 6.13 ~ 图 6.18
耶路撒冷市中心
的 Vallero 广场上
"盛放的花朵"
城市家具

6.17

6.18

　　图 6.19 ~ 图 6.22 展示了位于波士顿城区的 20 个摇摆的秋千，它们如同巨大的紫色发光耳环，是由 Eric Howeler 和 Meejin Yoon 共同设计的一种交互式城市户外装置，由聚丙烯建造。这些秋千被设计成三种尺度，以适应不同的城市居民。其中内置的 LED 照明由定制的微处理器控制，秋千内置加速器可以测量秋千的加速力。当力静止，秋千处于停滞状态时，LED 便会释放出融合的白光；当秋千震动时，白光转化为淡淡的紫色，又创造出独特且浪漫的环境氛围。

　　图 6.23 ~ 图 6.28 是由 Mike Szivos 领导的设计团队 Softlab 创作的"Infinity Field"互动媒体景观装置，位于曼谷市暹罗天地的七层露台中。"Infinity Field"由多个镜面反射柱构成，通过人体红外传感器感知人体，从而响应对应的程序，根据穿梭其中的行人的运动轨迹产生一系列的灯光反应。项目总计包含 50 个的菱形柱子，单向镜面玻璃覆盖其外部，并置在内部装置声控式 LED 灯。人们穿梭于菱形柱子间，犹如穿行在具有动态光影效果的森林中。

6.19

6.20

6.21

6.22

图 6.19~图 6.22
交互式城市户外装置"发光秋千"

6.23

6.24

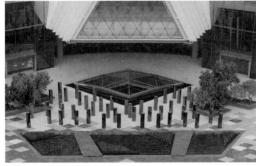
6.25

6.26

6.27

6.28

图 6.23~图 6.28
"Infinity Field"互动媒体景观装置

三、智慧城市和智慧街道中的城市家具系统

随着信息技术的不断发展，城市信息化水平不断提升，智慧城市成为当前时代背景下城市规划和建设的必然趋势。智慧城市主要依托于各种信息技术，将城市建设、服务、运行、管理等多个子系统进行数据化的集成与整合，对城市运行中产生的大量复杂数据信息实时性获取、分析和处理，以提升资源的使用效率、城市管理及服务水平，促进城市居民生活和工作的便利和高效，大幅度提高居民生活质量。智慧城市的本质在于信息化与城市化的高度融合，是新一代信息技术发展和知识社会创新环境下城市信息化向更高阶段发展的表现。

智慧街道的概念来源于智慧城市，是智慧城市的子系统。智慧型的街道将会基于基础网络和信息技术的支持，依托于智慧城市的大数据平台和智能控制中枢，将物联网智能感知设备、移动互联网、云计算等相关技术恰当地运用到公共空间中的各类设施中。

智慧城市和智慧街道中的城市家具设施系统可以看作智慧城市一体化城市数据平台的末梢感知系统。通过互联网信息技术有机地将作为个体的城市家具设施形成以网络为连接的智能系统载体，在大数据与协同设计的支撑下，开展实时、准确、可持续的用户及环境数据获取工作和传输工作，并以智能化的运算和系统化的操控提升城市公共空间中城市家具的功能有效性和使用便利性，促进人与环境、人与物以及人与人之间的互动，大幅度地提升城市公共空间的活力和品质。

例如，可以根据使用人群密度、频次调整亮度和照度路灯系统；可以有效监控交通安全并及时发布安全预警和道路路况信息的交通控制系统；可以实时收集交通站点人流数据信息并协调调配公共交通工具密度的公共交通协调系统；可以查询、上传信息并与手持智能终端设备互联的智能标识导向系统；可以收集自然能源并提供充电、热点、信息浏览和查询、多媒体互动等功能的休憩类城市家具；可以实时检测环境气候数据并智能调整公共空间绿化区域湿度和温度的灌溉系统；可以通过传感器检测垃圾的深度，根据垃圾体积和容量比压缩垃圾并按需通知环卫服务平台巡查和清理的智能垃圾桶；可以监控电力、水力、煤气、供热、排水、网络及消防等基础公共设施的管线运行情况，并实时发送数据安全或问题预警的管理类城市家具系统等。

图 6.29 ～图 6.34 为美国公司开发的一款名为"Big Belly"（大肚子）的太阳能智慧垃圾桶，它可以在垃圾装满后自动在 41 秒内完成压缩（压缩过程中仍可投入垃圾），并通知清洁人员来清理。这个城市家具设施高

6.29

6.30

6.31

6.32

6.33

6.34

图 6.29～图 6.34
美国"Big Belly"
太阳能智慧垃圾
桶

128 厘米，重约 136 千克，一个垃圾桶的正常容量是 120 升，但 Big Belly 通过压缩技术可容纳 5 倍于其体积的垃圾量，并能将垃圾桶清洁频率从之前的每天两次降低为每周一次，大幅提升了垃圾处理和收集的效益。这一产品系统也支持网管人员针对垃圾信息进行分析，通过分析结果规划出最佳的回收路线和回收时间。

图 6.35～图 6.42 是由城市设计咨询公司 Umbrellium 为 Direct Line 在伦敦设计开发的全球首例"智能人行横道"，可以自动区分车辆、行人和骑行者，实时调整信号灯和路面标记，为行人提供更加安全的穿行体验。该"智能人行横道"是一段宽 7.5 米、长 22 米的交互响应路面，利用计算机视觉技术可以准确地"看到"周围发生了什么。LED 路面自动根据实时情况改变标记，以保证行人安全，无需手动输入指令；它可以预判行人的穿越路线和他们的视线范围，为横穿马路的行人提供警告信号，确保他们不会因驾驶员视线盲区而受到伤害，从而有效降低穿行危险。同时，它还运用动态变化的 LED 路面吸引"低头族"（例如边过马路边玩手机的

6.35

6.36

6.37

6.38

6.39

6.40

6.41

6.42

图 6.35 ~ 图 6.42
Umbrellium 为
Direct Line 在伦
敦设计开发的全
球首例"智能人
行横道"

行人）的注意力，迫使他们"抬头"过马路，注意安全。这也将为信息时代背景下的"低头一代"创造更安全的交通环境。

　　经济、社会的发展和科学技术的进步，为未来城市的设计和创新研究提供了新的思路和有利的技术支持，同时也对城市家具系统提出了新的需求和发展方向，城市家具的规划、设计与管理更要立足系统观，与时俱进，开拓思路，最终实现生态、人文、智能等多元内涵共存的智慧型现代城市家具系统。

第七章 城市家具系统化的探索与实践
——苏州干将路城市家具系统设计

一、项目背景及项目介绍

1.城市环境背景

　　干将路是苏州的一条交通要道，跨平江、金阊两个区。苏州古代为春秋吴国都城，又因"干将"是古代吴国的铸剑名师，因此"干将"路名是对城市历史文化的纪念，并设有纪念牌坊。

　　苏州，古称吴郡，中国华东地区特大城市、首批历史文化名城、中国十大重点风景旅游城市之一，地处长江三角洲，位于江苏省东南部，西濒太湖，北依长江，东南与上海接壤，西北毗邻无锡，南部连接浙江嘉兴、湖州两市。

　　苏州古城始建于公元前514年的吴王阖闾时期，建城史逾2500年，至今还保留着许多有关西施、伍子胥等的古迹，城中仍有许多当年留下的地名。又因城西南有山曰姑苏，于隋开皇九年（589年）更名为苏州。

　　苏州是吴文化的发祥地和集大成者，是传统文化发达、历史底蕴深厚、风景秀美如画的城市，曾为春秋之吴国、战国之越国、三国之孙吴、元末之张吴等多个政权的首都，也是中国现存最古老的城市，经著名史学家顾颉刚先生考证为中国第一古城。

　　城市至今仍坐落在原址上，为国内外所罕见。苏州古城遗存的古迹密度仅次于北京和西安，面积为14.2平方公里；苏州古城和苏州园林为世界文化遗产和世界非物质文化遗产"双遗产"集于一身。苏州历史悠久，人文荟萃，以"上有天堂，下有苏杭"而驰声海内外，古城基本保持着古代"水陆并行、河街相邻"的双棋盘格局、"三纵三横一环"的河道水系和"小桥流水、粉墙黛瓦、古迹名园"的独特风貌。秀丽、典雅且有"甲江南"声名的苏州园林也令人心驰神往，其中九座园林被列入世界文化遗产名录。今之所存多为明清士大夫所建，即源远流长如沧浪亭、环秀山庄等，亦经明清两代增修，余若拙政园、留园、艺圃、怡园、西园等，均明清名园，为国家瑰宝。

苏州是长江三角洲经济圈北翼重要的副中心城市之一，苏州作为一座现代化程度较高的城市，是江苏省重要的经济、对外贸易、工商业中心和重要的文化、艺术、教育和交通枢纽，同时也是中国最具经济活力城市、国家卫生城市、国家环保模范城市和全国文明城市之一。

2. 公共空间环境背景

干将路是江苏省苏州市东西向横贯市中心区的一条干道，也是展示苏州城市历史文化底蕴和经济发展成就的重要窗口地带。东起东环路，西至西环路，中间与凤凰街、临顿路、人民路、阊胥路等多条道路交汇，跨平江和金阊两个区，全长 7.5 公里，其中穿越古城段为 3.5 公里。

干将路兴建近代马路是在 1935 年，苏嘉铁路通车时，城东开辟相门，从相门内向西到宫巷的旧式街巷狮子口、旧学前、濂溪坊和松鹤板场被拓宽成马路，弹石路面，宽约 10 米。

1993 年，随着苏州市东西两侧分别兴建工业园区和新区，将位于苏州古城中轴线上的干将路拓宽为苏州市的东西向交通干道。扩建的干将路中间保留了宽 6 ~ 10 米的干将河，河岸设计了 3 ~ 5 米宽的绿化地带，两侧为约 10 米宽的单行车道。干将路的中部穿越古城的路段两侧，迅速形成高档商业、金融、娱乐区，东西两段则形成普通商住地段。

3. 项目介绍

干将路是苏州市的重要交通骨干走廊和城市公共职能的纽带，同时也是苏州市的东西向城市中轴和文化走廊。自 1994 年建成通车以来，历经多次改造及美化，已成为展示苏州人文历史底蕴和苏州城市建设成就的窗口，成为苏州的城市名片。

2007 年，随着苏州轨道交通一号线的开工，干将路路面恢复、干将河河道修复以及站点周边环境设计等一系列整治工程被苏州市规划局提上议事日程。

其中干将路及沿线公共空间作为苏州市公共空间环境体提升工作的重要组成部分，着重进行了综合整治，以尽快恢复和提升苏州城市中轴的形象。

干将路综合整治工作确定了将干将路打造成城市交通和景观中轴干道，彰显文化特色，确保一步到位的整体目标，即通过整治，干将路沿线不仅体现苏州园林、水乡、人文历史，还展示现代化发展的城市元素，形成丰富的公共空间、优美的道路景观，如图 7.1 所示。此外，还要具有很

新城　　　　　老城

新城

图 7.1
苏州干将路全貌
鸟瞰图

强的实用性和前瞻性，为今后的城市发展打下基础。

经过九个月的努力，该工程在恢复干将路原有的道路交通功能和特色景观的基础上对沿线公共空间环境品质进行全面梳理和整体提升，使干将路体现出苏州文化中独有的古韵、繁华、雅致相交融的特色。案例项目——苏州干将路城市家具系统设计即是干将路综合整治项目的一个重要组成部分，对干将路的各类城市家具进行了全新规划和设计，配合提升干将路总体的公共空间品质。

二、环境分析

1.物质环境分析

（1）自然条件

苏州位于北亚热带湿润季风气候区，温暖潮湿多雨，季风明显，四季分明，冬夏季长，春秋季短。无霜期年平均长达 233 天。境内因地形、纬度等差异，形成各种独特的小气候。太阳辐射、日照及气温以太湖为高中心，沿江地区为低值区。降水量分布也具有同样规律。

（2）地理条件

苏州全境除古城西南部有岛状分布的低山丘陵外，几乎全为平原，呈现地势低平、河湖密布、低丘点缀的地形特点，为长江三角洲太湖平原的组成部分。

境内地势低平，水网稠密，湖荡星罗棋布，地形以平原为主，可分为三大部分：北部沿江高亢平原区、古城西郊沿太湖低山丘陵区、湖滨圩田和东南部湖荡平原区。地貌的这种非地带性分异是决定本区自然地理分异的主导因素。

（3）景观条件

苏州具有山不高而清秀，水不深而辽阔的景观特点，山水相依，风景旖旎，人文彬蔚，历史悠久，古迹众多，自然景观和人文景观美不胜收，成为江南游览名胜之地。

"江南园林甲天下，苏州园林甲江南"，苏州古典园林的历史可以上溯

图 7.2
苏州干将路部分
路段景观

至公元前 6 世纪春秋时吴王的园囿。私家园林最早见于记载的是东晋（4
世纪）的辟疆园。明清时期，苏州成为中国最繁华的地区，私家园林遍布
古城内外。16 ～ 18 世纪全盛时期，苏州有园林 200 余处，保护至今的尚
有 50 余座，其中苏州计划申报世界遗产园林的有 27 座。苏州是一座举世
闻名的历史文化名城，也是一座源于自然、融于自然的"山水城市"。

水文化造就了苏州，依水而建，临水而居，"烟水吴都郭，闾门架碧流，
绿杨深浅巷，青翰往来舟"，"天人合一"，人与自然的和谐思想隐含在苏
州的山水、建筑中，构成了江南水乡独特的"小桥、流水、人家"的独特
城市风貌。

干将路"两路夹一河"的独特布局模式及"园林外移"的特色景观成
为苏州特有的城市道路景观。目前干将路中段"路夹河"和雕塑已形成城
市特色景观，总体规划将其定位为城市景观主轴线，需要进一步提升总体
景观品质，形成路与景相宜的景观主轴线，如图 7.2 ~ 图 7.3 所示。

2. 人文环境分析

离开了历史，离开了文化，离开了城市的故事和传统，苏州山水的影
响将大为减弱。苏州文化的核心是吴文化，包含了历史、地理、风土人情、
传统习俗、生活方式、文学艺术、行为规范、思维方式、价值观念等各个
方面，是人们长期创造积淀的产物。吴文化是吴地的区域文化，也是吴地
的传统文化。

图 7.3
苏州干将路特色
景观

　　自吴王阖闾建城以来 2500 多年，以苏州城为中心的苏州地区，始终是吴地的核心地区，是吴文化发展演变的中心。因此苏州文化是整个吴文化体系中最具特色、最有个性的部分，是吴文化最完美、最集中的体现，代表了吴文化的精髓和本质特征。此外，吴文化是苏州传统文化的核心，始终影响着苏州的文化发展和演变，也影响着苏州社会经济的发展变化。

　　吴文化涵盖了吴地从古至今所创造的物质文化和精神文化的所有成果，种类极其丰富多彩。吴歌、昆曲、评弹、吴语小说，是吴侬软语吴语文化；稻渔并重、船桥相望、小桥流水人家，是独特的水乡文化景观；精巧优良的众多手工工艺，曾经独步全国；相互影响的园林、盆景和书画艺术，名满天下；丰富的吴地民俗堪称人文景观的"聚宝盆"。

　　受吴地文化的影响，苏州一直在探寻和追求"宁静致远、内敛不张扬"的境界。人与人、人与社会、人与自然协调发展的社会状态，成为苏州人和苏州城市永恒的价值目标。

　　具备丰厚积淀而又极富兼容并蓄特征的苏州文化，构筑起特色鲜明的"苏州气质"。这种特有气质的最大优势在于，既能保留继承优秀的传统文化，又能与迅速发展的现代文明有机融合。而对于传统文化的热爱和保护也深入每一个普通市民的内心中，在苏州人看来，苏州的历史、苏州的老城以及苏州的传统文化、苏州的园林、苏州的名气，甚至作为世界文化遗产而闻名遐迩的昆曲，都是用来彰显城市性格的有利资源，这些有形无形的资源所蕴含的独一无二的魅力，都可以吸引新的资源，聚集新的优势。

在城市建设和发展中，苏州不仅努力保护和挖掘老城的历史魅力，还积极致力于焕发老城的新魅力，并由此提出"古要古得透、新要新得高"的城市发展理念。

三、城市家具的需求分析

1. 环境属性

作为苏州城区最长的东西向主干道，干将路全长7.1公里，历史上素有"苏州第一路"之称。根据《苏州市干将路综合整治道路交通工程》，干将路位于城市最为重要的东西向以公共服务功能为主的中轴上，被综合定位为城市生活性主干道、路与景相宜的景观主轴，设计通行速度为40公里/小时。通过此次综合整治，其中轴线功能进一步强化，内涵进一步丰富。

由于轨道交通一号线全线通过干将路，沿途设有7个站点，干将路本身具有悠久的历史、丰富的传说，串联起老城内石路、观前、苏大等最主要的节点，且有大量的公交线路经过，因此它还是苏州重要的综合性公交走廊。

干将路中段和东段保持原有的道路格局，断面维持现状，仅在部分重要路口进行渠化扩宽；道路西段改造较大，从西环路至干将桥对原有道路断面进行调整，原有"三块板"调整为"两块板"，具体道路空间划分为：5米人行道+3.5米非机动车道+9.5米机动车道+4米中央分隔带+9.5米机动车道+3.5米非机动车道+5米人行道，共计40米。通过改造，干将路全线会形成较为连续的中央景观，整体形象有所提升，同时路口结合中央景观带设置行人过街驻足区，创造更好的过街环境。

苏州干将路为城市生活性主干道，具有良好的景观，沿路设计多处景观节点，中部穿越古城的路段两侧，主要为高档商业、金融、娱乐设施，而东西两段则为普通商住地段。

2. 主要人群及主要活动内容

干将路是机动车道、非机动车道和人行道并行的生活性道路，如图7.4所示，主要活动人群为驾乘者和行人，活动内容包括必要性活动、自发性活动和社会性活动，活动类型包括穿越性活动、休闲游逛性活动和少量的观赏性活动。

穿越是最常见的一种活动类型，相对简单，人们在同一地点的逗留时间相对较短。等待公交车是较为特殊的穿越性活动，但因驻留时间相对较长，易与周围环境和设施产生一定程度的互动。

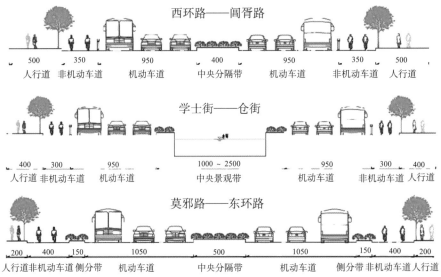

图 7.4
苏州干将路街道
布局截面图

西环路——阊胥路

| 500 | 350 | 950 | 400 | 950 | 350 | 500 |
| 人行道 | 非机动车道 | 机动车道 | 中央分隔带 | 机动车道 | 非机动车道 | 人行道 |

学士街——仓街

| 400 | 300 | 950 | 1000~2500 | 950 | 300 | 400 |
| 人行道 | 非机动车道 | 机动车道 | 中央景观带 | 机动车道 | 非机动车道 | 人行道 |

莫邪路——东环路

| 200 | 400 | 150 | 1050 | 500 | 1050 | 150 | 400 | 200 |
| 人行道 | 非机动车道 | 侧分带 | 机动车道 | 中央分隔带 | 机动车道 | 侧分带 | 非机动车道 | 人行道 |

（典型路段横断面　单位：厘米　苏州市规划局网提供）

休闲游逛性活动是指有意识地放松身心的户外活动，没有特别的目的性，因而有可能产生各种各样的活动意象，例如散步、观看、驻足交谈、休息、等候、饮食、排队等，这类活动往往发生在能够提供一定逗留区域的景观节点。

观赏性活动是指将空间内的物体或空间本身作为观察对象的活动，这种活动集中于具有城市特色的生活性街道，而干将路恰好具备这种特征，活动的主要人群是对环境不熟悉的人，如旅游者、观光者。

3. 对各类城市街道家具的需求

城市生活性主干道的属性决定了干将路兼备交通与生活功能，包括通行、商业、办公、观赏等。这类城市公共空间的活动人群多数目的性较强；活动内容以穿越性活动为主，休闲游逛性活动为辅，在道路景观节点也会有观赏性活动的发生。根据干将路的功能特性和主要活动人群的行为特征，可以预估城市家具系统中需求量最高的是交通类和管理类城市家具设施以及无障碍类城市家具，此外照明类和信息类城市家具设施也是辅助城市街道通行顺利的有力保障。

此外，市政部门还把干将路定位为"路与景相宜的景观主轴"，目的是兼顾人们在街道上的不同活动节奏和内容，以及与不同区域景观节点适合的活动形式。在街道景观节点适当设置休憩类和商业类城市家具，但是数量、体积和位置要以保障城市街道的通行安全、顺畅为主要目的，既能满足休憩、购物等功能需求，又能避免形成过多的停滞行为，从而影响交通，如表 7.1 所示。

类别	名称	需求程度	类别	名称	需求程度
休憩类	座椅	★★	照明类	高位路灯	★★★★★
	桌子	★		低位路灯	★★★★★
	凉亭	★		景观造型灯	★★
	休息廊	★		庭院灯	★
	棚架	★		草坪灯	★★
信息类	公用电话	★★★		霓虹灯	★★★
	邮筒	★★	管理类	消防栓	★★★★
	导向指示牌	★★★★★		配电箱	★★★★★
	街钟	★★		窨井盖	★★★★★
	信息终端	★★★		电线杆	★★★★★
卫生类	广告牌	★★★★★	商业类	售货亭	★★
	垃圾箱/桶	★★★★★		书报亭	★★
	烟灰皿	★★★★★		自动售卖机	★★
	饮水器	★		移动售卖机	★
	洗手台		游乐类	休闲健身器材	
	公共厕所	★★★		娱乐游戏设施	
交通类	公交候车亭	★★★★★	无障碍	无障碍坡道	★★★★★
	自行车停放架	★★★★		盲道	★★★★★
	道路护栏	★★★★★		盲文标识	★★★★
	护柱/障碍柱	★★★★		专用电梯	★
	人行天桥	★★★	其他	花坛	★★★
	交通岗	★★★★★		水景	
	信号灯	★★★★★		雕塑	★★★
				景观小品	★★★

四、城市家具系统的设计

1.设计内容

　　根据对苏州干将路公共空间环境的属性分析以及主要活动人群活动需求分析，并经过与项目主管单位的沟通和协商，确立了干将路城市家具系统设计项目的具体内容为如表7.2所示的七个类别，26种城市家具设施的设计。

类型	内容	主要功能	设计导则
信息类城市家具	标识导向牌	信息功能 指示功能	苏州传统美学元素加入现代元素，抽象提炼，艺术性，时代性，地域性，简洁性
	街路信息牌	信息功能	规范化，艺术性，时代性，地域性，简洁性
	综合信息亭	信息功能	苏州传统地域特色加入现代元素，形成传统现代的完美碰撞。互动性，艺术性，时代性，地域性
	公共电话亭	通讯功能	苏州传统特色加入现代元素，抽象提炼，艺术性
	智能电子显示屏	信息功能 互动功能	时代性，简洁性，安全性，节能性
	邮政信箱	通信功能	苏州传统特色加入现代元素，抽象提炼，色彩标准化
	广告箱体	广告功能	时代性，简洁性，节能性
交通类城市家具	公交候车亭	等候功能 人群集结功能	地方文化性，时代性，趣味性，节能性，安全性，艺术性
	公交信息牌	信息功能	简洁性，时代性，地方文化性，艺术性
	自行车停放架	存放功能	简洁性，时代性，安全性
	道路护栏	隔离功能	安全性，苏州传统地域特色加入现代元素，抽象提炼
	护柱 / 障碍柱	隔离功能 保护功能	加入苏州传统地域美学元素，抽象提炼，安全性，简洁性
	交通信号灯	交通规范功能	规范化，简洁性，时代性，地域性
卫生类城市家具	垃圾箱	卫生功能	加入苏州传统元素，简洁、大气的风格
	烟灰皿	卫生功能	与垃圾箱形态整合
休憩类城市家具	公共座椅	休息功能	安全性，简洁性，时代性，地域性
	休息廊架	休息功能 遮蔽功能	安全性，简洁性，时代性，地域性
照明类城市家具	高位路灯	大面积照明功能	加入苏州传统地域美学元素，抽象提炼，节能性，安全性，简洁性
	低位路灯	小面积照明功能	加入苏州传统地域美学元素，抽象提炼，节能性，安全性，简洁性
管理类城市家具	消防栓	消防安全功能	规范化，简洁性
	市政箱体	配电、便民等市政功能	简洁性，时代性，地域性，隐藏性
	窨井盖	市政功能	加入苏州传统地域美学元素，抽象提炼，个性化
	电线杆	市政功能	简洁性，时代性，地域性，隐藏性
其他类城市家具	花坛 / 花钵	装饰功能	艺术装饰性，简洁性，时代性，地域性
	树池	装饰功能	艺术性，简洁性，时代性，地域性
	地面铺装	装饰功能	安全性、无障碍性、艺术性，简洁性，时代性，地域性

2. 干将路城市家具系统设计定位

在项目调研阶段走访了新城区，也走访了古城区；走访了市中心，也走访了市郊区；走访了商业街，也走访了苏州园林；走访了工业园，也走访了百年古镇……看见了亭台楼阁，也看见了高楼迭起；看见了悠久历史，也看见了日新月异；看见了民间艺术，也看见了高新科技；看见了感性生活，也看见了理性思考……由此可见，苏州是传统的，更是现代的；苏州守护着曾经的文化，更展望着未来的文化……

因此，苏州干将路城市家具系统在设计风格方面的定位是，整体设计遵循苏州传统文化元素，但在尊重传统的基础上应加以创新，尤其是将传统元素进行现代化处理，以便与环境有机融合，并体现城市的现代化发展方向。

设计主要以苏州园林漏窗和苏州民居粉墙黛瓦的传统元素作为切入点，通过现代手法加以提炼精简，遵循贝聿铭"苏而新，中而新"的设计理念，参考苏州博物馆的设计并进行创新，使其与苏州市的新形象融为一体，从而提升整个城市的形象品牌规划。

同时，对苏州干将路街道家具系统提出了以下三个总体设计原则：

（1）以人为本

以人的需要为核心，充分考虑民众的需求和喜好，避免单纯从功能出发，要重视使用者的心理需求。

关键词：人性化设计；通用设计

（2）以能为源

以节能可持续为根本，使用清洁能源代替传统能源，意图引导和传扬低碳环保的生活方式。

关键词：绿色设计；可持续设计

（3）以文为基

了解苏州与干将路的历史文化和人文资源，提炼能够运用于设计的传统文化要素，具象为形态。

关键词：文化传承；文化融合

3. 具体设计方案及设计说明

（1）干将路城市家具系统总体设计说明

苏州人文精神衍化在城市风貌和建筑形态上的"守与望"，衍化在市民态度和生活方式上的"守与望"，据此我们在设计中进一步深化"守与望"这一理念。苏州的"守"，是继承、巩固和呵护；"望"，是祈盼、融合和创造。

设计重点是提取并重构传统元素，融入当代材料与技术，汇集传统与现代的审美情趣和文化。苏州之所以能够在各种外来文化的流殇中依旧保持自己的精神品格和生活方式，与吴越精神的传承密不可分。文化的生命力赋予城市独特且深厚的文脉禀赋，城市家具系统作为城市公共空间的重要元素，理应承担一份传承历史的重责。

根据对城市景观和人文环境的调研、分析和体会，干将路城市家具系统具体的设计风格定位为简约与雅致。

简约之色彩：色彩主色调以单纯的灰白为主，黑色为辅，意寓"粉墙黛瓦"，加上木质色彩的点缀，使之简约而有韵味。

简约之形式：从苏州传统园林建筑中提取漏窗六边形元素，从整体形态到细部设计都有运用，贯穿于各个产品的造型，重视产品比例协调，造型简洁。多用直线棱边，给人以简约硬朗的视觉感受。

简约之用材：材料不锈钢烤漆处理，柔和的纹理质感，不张扬，适度地简化了产品内容元素，松木应用比较广泛，耐腐蚀，造价适中，亦凸显简约的内涵。

雅致之色彩：系统的主色调以灰和白为主，加以木质色彩点缀。这种高明度偏暖的色调给人带来雅致的感受，并与周围环境有机融合。

雅致之形式：细部的简洁纹案能够精巧点缀主体，在造型上给人以精致的感觉。通过在整体简洁的风格中重复性地使用精巧、贴心的细节纹样，给人一种睿智而不张扬的雅致之感。

雅致之用材：金属与木质的搭配，既张力又温馨，既清雅又近人。

与此同时，遵循环保、简洁、合理的设计理念，采用成熟的材料工艺加以表现，还要设计出便于加工制造和清理维护的形态，使之具备可实现度高和性价比高的优点。

此外，项目中还为干将路城市家具系统设计了整体LOGO，将古典漏窗中的冰裂纹与"干将"两字巧妙融合，并将其运用在干将路城市家具系统的各类城市家具设施中，赋予干将路独有的新文化形象与品牌形象，如图7.5～图7.6所示。

（2）信息类城市家具设计方案及说明

干将路城市家具设计有多个方案系列，最终整理为两个，如图7.7所示：

方案一系列：该方案的设计灵感源于苏州园林漏窗与苏州民居的粉墙黛瓦风格。通过现代手法加以提炼创新，参考苏州博物馆的设计风格，遵循贝聿铭"苏而新，中而新"的设计精神，在保持自身整体风格统一的同时，尽可能融入干将路的整体规划环境和建筑风格。方案提倡环保、简洁、合适的理念，采用通用和成熟的材料工艺进行表现，便于加工制造和清理维护，具有可实现度高和性价比高的优点。

方案二系列：该方案以时尚简洁为特色。传统文化既要传承又必须提升创新，此方案的设计特点就是运用时尚的手法将视觉与功能糅合于一体。

图 7.5
苏州传统特色的
造型元素

造型创意来源
灵感的主要来源为苏州建筑中的窗纹与结构,以及苏州建筑的整体色调。所有街具的夜间效果
参考苏州整体的夜间效果。把这些元素抽象成现代的表达方式,并融入苏州的人文气息。

图 7.6
干将路 LOGO
设计

图 7.7
干将路城市家具
系列方案

方案一系列　　　　　　　　　　方案二系列

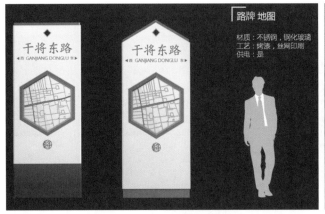

图 7.8
干将路标识牌设计方案

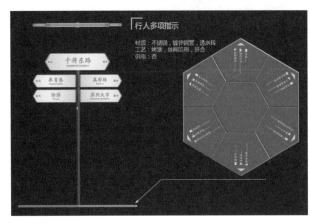

图 7.9
干将路行人标示导向牌设计方案

城市家具是市民与城市接触的直接方式,所以城市家具设计应考虑与人的亲切感。因为城市家具长时间暴露在室外,设计上应考虑便于维修和更新。传统元素的现代处理、城市家具与人的亲近、模块化的处理,以及方便更换维修为该方案的三个设计出发点。下面简要介绍单体城市家具的设计。

图 7.8 为干将路标识导向系统地图标识牌的设计方案之一,该方案采用坚固耐腐蚀的不锈钢配合烤漆工艺,提供夜间照明以 LED 光源。外观形态的灵感来源于苏州传统的建筑细部元素,并进行简化提炼,兼备古风和现代气质。主体色彩采用白色和灰色的基调,易与周围环境有机融合。

图 7.9 为干将路标识导向系统行人标示导向牌的设计方案,该方案选用不锈钢和镀锌钢管,并设计模块式的结构,便于装配、拆卸和更换标识路牌。在导向功能方面,采用立式结构和地面依附式结构相结合的方式,能够更多向、更精确地指示目的地方向。主体色彩同样采用白色和灰色的基调,与系统的主题色彩相统一和吻合。

图 7.10 为干将路标识导向系统中交通、旅游标识设计方案,有车辆用标识和行人用标识两种高度和形态的设计,适用于不同交通工具的速度和视线高度。主体均采用一体化的设计,便于进行模块化组合。采用不锈

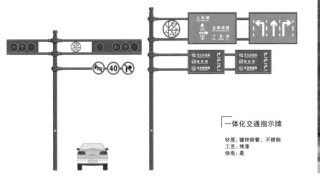

图 7.10

干将路街道家具
系统广告箱体设
计方案

一体化交通指示牌

材质：镀锌钢管，不锈钢
工艺：烤漆
供电：是

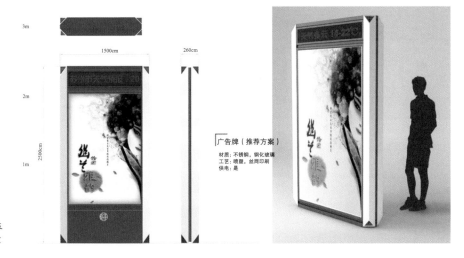

图 7.11

干将路交通、旅
游标识设计方案

广告牌（推荐方案）

材质：不锈钢，钢化玻璃
工艺：喷塑，丝网印刷
供电：是

钢喷漆工艺，具有坚固耐用、安全系数高的特点。使用的色彩是国标规定的交通、旅游导向系统专用色（蓝色、木棕色），并统一于系统灰色与白色的总体色调，增大底色与文字的色差，使标识信息更加清晰。

图 7.11 为干将路街道家具系统中广告箱体的设计方案，造型简洁干练，避免喧宾夺主的问题。材料以不锈钢原色为边框，钢化玻璃为辅材，顶部配合 LED 显示屏显示活动信息内容。在八处边角进行回纹的细节处理，并在下半部刻有干将路 LOGO，以增强其个性化和辨识度。

图 7.12 为干将路标识导向系统门牌标识设计方案，造型采用系统提炼出的六边形元素，并采用不锈钢雕刻和喷漆工艺制作门牌信息。独特的设计既赋予干将路独特的标识特征，又能与系统有机统一。

图 7.13 为干将路标识导向系统交通地图标识设计方案，这一方案主要用于新城区路段，因此造型更为现代和简洁。材料选用不锈钢板材与复合材料配合，顶部的白色 LED 光源能够提供夜间照明。

图 7.14 为干将路城市家具系统公用电话亭设计方案，该方案选用坚固耐腐蚀的不锈钢配合烤漆工艺，侧面六边形透窗处采用钢化玻璃隔离保护，顶部利用太阳能板吸收太阳能，提供夜间照明。在公用电话亭的背面

图 7.12
干将路门牌标识设计方案

图 7.13
干将路交通地图标识设计方案

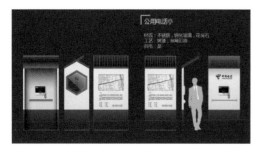

图 7.14
干将路街道家具系统公用电话亭设计方案

还设有城市地图，具有标示导向的辅助功能。

图 7.15 为干将路城市家具系统综合信息亭设计方案，造型简洁统一，与系统内的广告箱体具有相同的细节设计，顶部的灯箱可以为夜间人行道提供部分照明，在面向道路一侧设置广告或 LED 信息屏。

（3）交通类城市家具设计方案及说明

图 7.16 为干将路城市家具系统公交候车亭设计方案，主体采用与苏州传统建筑风格相同的"粉墙黛瓦"元素，以砖混结构构筑主体，不锈钢、镀锌钢管、钢化玻璃和松木为辅材，并配有城市地图、广告展板、公交信息牌、休息座椅和垃圾桶等配套设施，以满足人们多方面的需求。

图 7.17 为干将路城市家具系统公交信息牌设计方案，分别适用于老城区和新城区的公交候车站点，造型与老城区和新城区的交通地图标识牌相呼应，采用模块化处理公交信息，并根据具体需要灵活调整。

图 7.18 和图 7.19 为干将路城市家具系统交通信号灯设计方案，该方案采用一体化方式将交通信号和交通指示信息合为一体，便于观察和识别。主体以白色和灰色构成背景色，突显交通信息，其造型细节借鉴了苏州传统建筑元素。

图 7.20 为干将路城市家具系统道路护栏设计方案。方案一选用不锈钢材料及喷漆工艺制作，以六边形的形态叠加组合，并配有干将路的识别LOGO；方案二的造型更加稳固耐用，护栏主体为塑料材质，节约了加工成本。

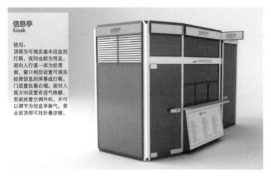

信息亭
Kiosk

使用：
顶部为可现实基本信息的灯箱，夜间也较为明显，面向人行道一面为经营面，窗口相仿设置可现实经营信息的屏幕或灯箱。门设置在最右端。面对人流方向内设置有进气格栅，里面放置空调外机，并可以调节的信息亭换气。营业面顶部可挂折叠凉棚。

信息亭
Kiosk

材料：
钢材、镁铝合金、木材、复合材料、钢化玻璃。

尺寸：
长：5650 毫米
宽：2400 毫米
高：2800 毫米

使用：
面向人行道信息亭的最右端是一个独立的空间，此为苏州市信息亭的特色模块。里面设置便民的终端机或ATM机，保证了人的隐私性和安全性。

图 7.15
干将路街道家具系统综合信息亭设计方案

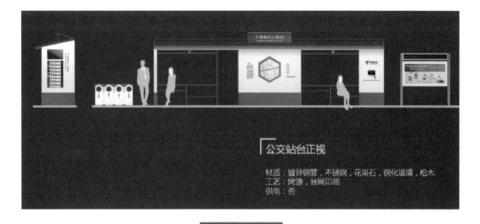

公交站台正视

材质：镀锌钢管，不锈钢，花岗石，钢化玻璃，松木
工艺：烤漆，丝网印刷
供电：否

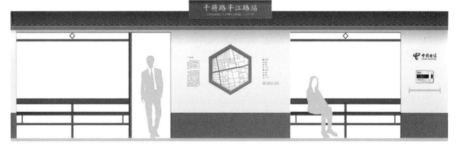

图 7.16
干将路城市家具系统公交候车亭设计方案

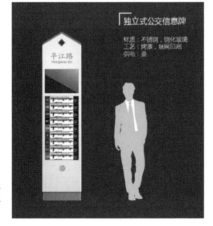

独立式公交信息牌

材质：不锈钢，钢化玻璃
工艺：烤漆，丝网印刷
供电：是

公交站牌
Bus board

材料：
钢板、abs塑料、拉丝不锈钢、LED灯。

尺寸：
长：1450毫米
宽：230毫米
高：2300毫米

使用：
公交站牌采用模块化设计，可根据需要方便调整。另外在每个站牌上都有一个可显示红色和绿色的指示灯，来显示此班公交是否还有车，站牌顶部白色部分下方有LED光源，晚间照明。

图 7.17
干将路城市家具系统公交信息牌设计方案

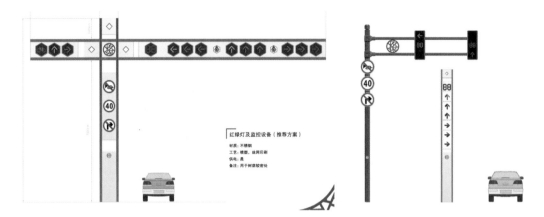

图 7.18
干将路城市家具系统车用交通信号灯牌设计方案

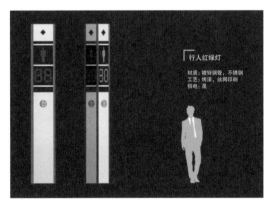

图 7.19
干将路城市家具系统行人用交通信号灯牌设计方案

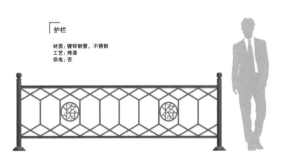
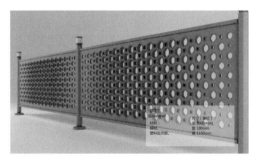

图 7.20
干将路城市家具系统道路护栏设计方案

图 7.21 为干将路城市家具系统护柱和障碍柱设计方案。外壳采用不锈钢材质喷漆处理，镂空处装有 LED 灯具，可提供夜间照明，并起到警示和装饰作用。

图 7.22 ~ 图 7.25 为干将路城市家具系统自行车停放架设计方案，该方案主要为租赁自行车的停放站点所设计，在色彩、材质和造型等方面均与系统整体设计风格相统一。

（4）卫生类城市家具设计方案及说明

图 7.26 为干将路城市家具系统垃圾箱设计方案。箱体为不锈钢材质喷漆处理，模块化的组合方式可根据需要对垃圾进行分类处理。该方案采用江南水乡传统建筑屋顶和六边形漏窗框的造型，配以"粉墙黛瓦"的黑、白、灰三色，以便与环境融合。垃圾箱单体的四面均有垃圾收集口，便于人们从不同方向丢弃垃圾。

（5）休憩类城市家具设计方案及说明

图 7.27 为干将路城市家具系统休息座椅设计方案之一，主体材料为不锈钢、木材和塑料。两端的支撑结构采用不锈钢材质，以提高安全性和稳固程度；与人体产生接触的坐面采用松木材质，以提高舒适度和亲和力；两端白色的保护和装饰部分采用塑料材质，以增加材料的缓冲力，减少误碰撞产生的伤害。此外，考虑到陌生人的心理距离，采用双向坐面的设计来提高座椅的利用率。

（6）照明类城市家具设计方案及说明

图 7.28 为干将路城市家具系统路灯设计方案，采用六棱体的形态，并在色彩、材质和造型等方面统一于系统整体的设计风格；还有就是宫灯式路灯。

（7）管理类城市家具设计方案及说明

图 7.29 为干将路城市家具系统市政箱体设计方案，主体材质选用镀铝锌钢板和塑胶木，外部网格造型由六边形多次叠加形成，配合木棕色，既能够装饰箱体，又能够较好地融入环境中，避免箱体在街道上过于突兀。

图 7.30 为干将路城市家具系统窨井盖设计方案，均为铸铁浇铸制作。方案一为苏州漏窗冰裂纹提炼组合的干将路 LOGO 的运用；方案二为苏州老城风貌的剪纸装饰化图案。个性化窨井盖的设计能够提升干将路的辨识度，彰显干将路的重要性，并赋予干将路独特的品牌形象。

（8）其他类城市家具设计方案及说明

图 7.31 为干将路城市家具系统花坛座椅和花钵设计方案：方案一是花坛与座椅功能叠加的设计，采用花岗岩材质，并配合松木材质不锈钢包边以提升装饰质感，这一方案体量稍大，适于设置在面积相对较大的道路景观节点处，既提供装饰功能，又满足对于休憩功能的需求；方案二采用松

护柱/障碍柱

材质：椎棒钢管，不锈钢
工艺：烤漆
供电：否

图 7.21
干将路城市家具
系统护柱和障碍
柱设计方案

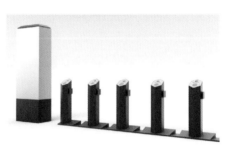

自行车停放架

材质：不锈钢
工艺：烤漆，出闸口照明
供电：是

图 7.22
干将路城市家具
系统自行车停放
架设计方案之一

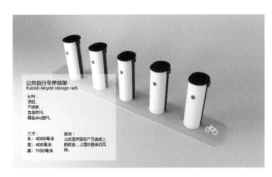

图 7.23
干将路城市家具系统自行车停放架设计方案之二

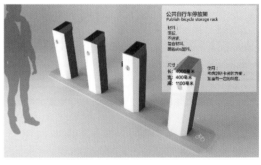

图 7.24
干将路城市家具系统自行车停放架设计方案之三

图 7.25
干将路城市家具系统自行车停放架设计方案之四

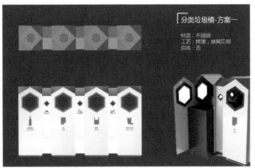

图 7.26
干将路城市家具
系统垃圾箱设计
方案

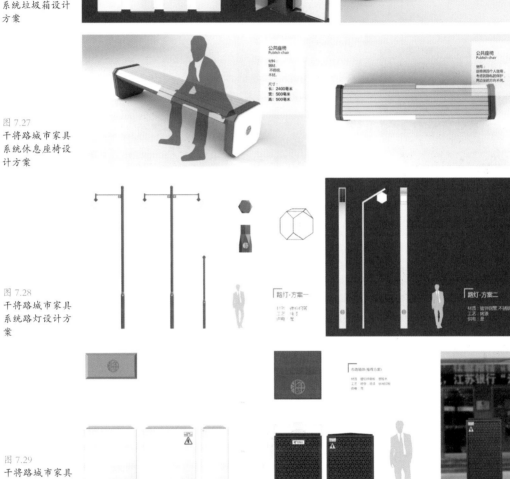

图 7.27
干将路城市家具
系统休息座椅设
计方案

图 7.28
干将路城市家具
系统路灯设计方
案

图 7.29
干将路城市家具
系统市政箱体设
计方案

污水井盖

通信井盖

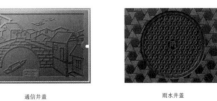

雨水井盖

图 7.30
干将路城市家具
系统窨井盖设计
方案

雨水井盖   彩色通信井盖

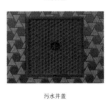

污水井盖

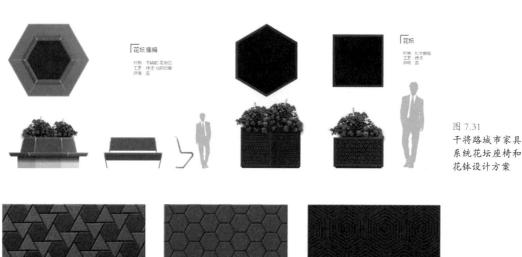

图 7.31
干将路城市家具
系统花坛座椅和
花钵设计方案

铺地

材质：透水砖，松木
工艺：拼合
供电：否

图 7.32
干将路城市家具
系统铺地设计方
案

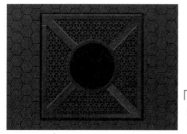
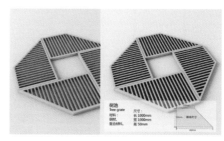

图 7.33
干将路城市家具
系统树池设计方
案

木材质，有立方体和六棱柱两种形态，外层网格采用与市政箱体相同的样式，不但能够增强系统内的关联性，还便于统一加工。

图 7.32 为干将路城市家具系统铺地设计方案，均采用六边形图案叠加设计，统一于系统整体的设计造型元素。

图 7.33 干将路城市家具系统树池设计方案：方案一为松木材质，网格肌理与市政箱体和中小型花坛相同；方案二为不锈钢拼复合材质，增强了耐久性；单元梯形组合的方式既便利又灵活。

4. 干将路城市家具系统的系统性

（1）各类城市家具之间的关联性

各类城市家具统一以从苏州传统建筑中提炼的"粉墙黛瓦"的灰色和白色为主，以黑色为辅，并用木质色彩加以点缀；在造型上采用从传统建筑园林漏窗中提炼的简洁的六边形元素，直线棱边，方便清洁和维护；在材料选择上也较为统一，多采用不锈钢烤漆，并用原色松木装饰和点缀。从上述特征中找出一致性和关联性，进行协调、组合和搭配，从而使这些相对独立的各类城市家具设施形成一个有机的整体。

（2）各类城市家具与系统之间的统一性

干将路城市家具系统各类城市家具具备实用性、易读性、舒适性和便利性，并且在使用方式、尺度、安全性和便利性等方面进行了细致推敲和优化设计，使整个城市家具系统的整体效能得到最大限度的发挥，形成了完整的公共空间环境互动界面。

此外，干将路城市家具系统各类城市家具设施的重要性和需求程度是根据环境功能性特征和主要活动人群的行为需求确立的，各类城市家具系统各司其职，不同的设施有效地发挥着不同的功能本质；它们相互组合，构成了苏州干将路公共空间环境生活需求的有力支撑。

（3）城市家具系统与环境之间的协调性

干将路城市家具系统的设计灵感源于苏州园林漏窗与苏州民居粉墙黛瓦，并参考贝聿铭先生提出的"苏而新，中而新"的设计精神，对传统风格元素加以提炼创新，总体形成既雅致又简约的风格。在设计风格和设计元素的选取以及色彩配置等方面尽量与周围的空间环境和谐统一，在保持系统自身整体风格统一的同时，使城市家具系统尽可能融入干将路整体规划环境和建筑风格。

考虑到北亚热带湿润季风气候区具有温暖、潮湿、多雨的特点，干将路城市家具尽量选用不锈钢喷漆的材料。不锈钢材质的特点是耐腐蚀、易加工，而喷漆工艺能够产生较为光滑的表面，避免表面积水，提高了城市家具设施的耐久度和寿命，避免了抛光不锈钢产生的反光影响。在与人接触的设施界面采用松木配置材料，一方面，木材给人带来亲近感并提高舒适度；另一方面，它也是对干将路城市家具系统黑、白、灰理性色调的点缀和装饰。

此外，干将路城市家具系统的设计还遵循环境友好性原则，提倡环保和节能，在公用电话亭、广告箱体和公交车候车亭等方案中均采用太阳能，体现了环境友好型设计的理念。

5. 干将路城市家具系统实施后的效果

苏州干将路城市家具系统规划和设计项目历时半年，经过与相关管理部门多次沟通讨论、深化修改，最终确定了设计方案并获批执行。该方案综合了多个方案，在具体施工时市容局等相关部门又根据具体情况做了调整，因此，它的执行率约在80%左右。此外，由于各管理部门和施工方都会对方案的执行以及施工质量产生影响，最后的实施方案又根据具体情况进行了加减整合调整。在市政管理部门的监管下，经过半年左右的建设，干将路工程项目于 2012 年年初竣工并投入使用，获得了市民和市政府的好评。

　　该项目的实施使干将路焕然一新，与苏州新形象成为一个整体，提升了整个城市的形象品牌。同时，项目方案提倡环保、简洁、合适的理念，采用通用和成熟的材料工艺进行表现，便于加工制造和清理维护，具有可实现度高和性价比高的优点，保障了建设和实施过程的顺利以及后期管理维护工作的可操作性。为苏州干将路城市家具系统部分城市家具设施投入使用后的实景效果，如图 7.34 ～图 7.45 所示。

图 7.34
干将路城市家具系统车用交通指示牌杆及细部实施效果

图 7.35
干将路城市家具系统交通信号灯实施效果之一

图 7.36
干将路城市家具
系统交通信号灯
实施效果之二

图 7.37
干将路城市家具
系统组合实施效
果

图 7.38
干将路城市家具
系统公交候车亭
实施效果之一

图 7.39
干将路城市家具
系统公交候车亭
实施效果之二

图 7.40
干将路城市家具
系统卫生类街道
家具实施效果

图 7.41
干将路城市家具
系统广告箱体实
施效果

图 7.42
干将路城市家具
系统人行道铺地
与窨井盖实施效
果

图 7.43
干将路城市家具
系统市政箱体实
施效果

图 7.44
干将路城市家具系统路灯实施效果局部

图 7.45
干将路城市家具系统照明绿化景灯实施效果局部

参考文献

[1] 盖尔 J. 交往与空间 [M]. 何人可，译 . 北京：中国建筑工业出版社，1992.

[2] 王鹏 . 城市公共空间的系统化建设 [M]. 南京：东南大学出版社，2001.

[3] 杨保军 . 城市公共空间的失落与新生 [J]. 城市规划学，2006.

[4] 赵蔚 . 城市公共空间的分层规划控制 [J]. 现代城市研究，2001.

[5] 芒福汀 C. 街道与广场 [M]. 张永刚，陆卫东，译 . 北京：中国建筑工业出版社，
     2004.

[6] 李德华 . 城市规划原理（第三版）[M]. 北京：中国建筑工业出版社，2001.

[7] Berman，Marshall. All That Is Solid Into Air[M]. New York：Viking Penguin，1982.

[8] 张海林，董雅 . 城市空间元素公共环境设施设计 [M]. 北京：中国建筑工业出版社，
     2007.

[9] 魏宏森，曾国屏 . 系统论——系统科学哲学 [M]. 北京：清华大学出版社，1995.

[10] 霍克斯 T. 结构主义与符号学 [M]. 瞿铁鹏，译 . 上海：上海译文出版社，1987.

[11] Rudolf Arnheim. The Dynamics of Architectural Form[M]. Berkeley：University of
      California Press，1977.

[12] 黄耀志，赵潇潇，黄建彬 . 城市雕塑系统规划 [M]. 北京：化学工业出版社，
      2010.

[13] 沈丽珍 . 流动空间 [M]. 南京：东南大学出版社，2010.

[14] 马铁丁 . 环境心理学与心理环境学 [M]. 北京：国防工业出版社，1996.

[15] 鸣海邦硕，田端修，榊原和彦 . 都市デザインの手法 [M]. 東京：株式会社学芸
      出版社，1994.

[16] Hall，Eward T. The Hidden Dimension [M]. New York：Doubleday，1966.

[17] 马库斯 C，弗朗西斯 C，人性场所——城市开放空间设计导则 [M]. 俞孔坚，等，
      译 . 北京：中国建筑工业出版社，2001.

[18] 高桥鹰志 +EBS 组 . 环境行为与空间设计 [M]. 陶新中，译 . 北京：中国建筑工业
      出版社，2006.

网络资源

百度百科：城市绿地 http：//baike.baidu.com/view/649709.htm.

百度百科：城市居住区 http：//baike.baidu.com/view/224348.htm.

百度百科：系统论 http：//baike.baidu.com/view/62521.htm.

户外街道家具"Fluid Cube"和"City Snake"：https：//www.archdaily.cn.

英国伦敦伯德街（Bird Street）的可发电人行道：https：//www.sohu.com.

"盛放的花朵"街道家具：https：//xueshu.baidu.com/.

交互式城市户外装置"发光秋千"：https：//www.sohu.com.

"Infinity Field"互动媒体景观装置：http：//www.landscape.cn.

美国"Big Belly"太阳能智慧垃圾桶：https：//www.sohu.com.

Direct Line 在伦敦开发的全球首例"智能人行横道"：https：//www.sohu.com.